软件项目估算

Software Project Estimation

[美] 阿兰 · 阿布兰（Alain Abran）著　　徐丹霞 郭玲 任甲林 译

人 民 邮 电 出 版 社
北 京

图书在版编目（CIP）数据

软件项目估算 / (美) 阿兰·阿布兰 (Alain Abran) 著 ; 徐丹霞, 郭玲, 任甲林译. -- 北京 : 人民邮电出版社, 2019.9（2023.7 重印）
ISBN 978-7-115-47696-8

Ⅰ. ①软… Ⅱ. ①阿… ②徐… ③郭… ④任… Ⅲ. ①软件开发一成本计算 Ⅳ. ①TP311.52

中国版本图书馆CIP数据核字(2019)第096336号

版权声明

◆ 著　[美] 阿兰·阿布兰（Alain Abran）
译　徐丹霞　郭　玲　任甲林
责任编辑　罗子超
责任印制　焦志炜

◆ 人民邮电出版社出版发行　北京市丰台区成寿寺路 11 号
邮编　100164　电子邮件　315@ptpress.com.cn
网址　https://www.ptpress.com.cn
北京盛通印刷股份有限公司印刷

◆ 开本：800×1000　1/16
印张：16.5　2019 年 9 月第 1 版
字数：346 千字　2023 年 7 月北京第 5 次印刷
著作权合同登记号　图字：01-2017-4168 号

定价：69.00 元

读者服务热线：(010)81055410　印装质量热线：(010)81055316
反盗版热线：(010)81055315
广告经营许可证：京东市监广登字 20170147 号

内容提要

本书主要讲解如何构建估算模型和验证估算模型的质量。本书分为 3 个部分，共 13 章。第一部分（第 1～3 章）介绍估算过程的结构，估算中必须予以考虑的大量的经济学概念；第二部分（第 4～7 章），介绍有关估算结果质量的概念和技术，根据估算目的增加的调整因子的局限性；第三部分（第 8～13 章）介绍建立估算模型过程中的问题。

本书理论知识全面、严谨，并给出了工程化的软件工作量估算方法和大量的实战经验。

本书适合软件经理、软件项目估算的审计人员和其他 IT 行业从业者，以及学习“软件项目管理”相关课程的学生阅读。

译者序

这本书需要仔细阅读。

目前，很难找到一本能与本书在讲解如何建立生产率模型方面的严谨性与实用性相媲美的图书。本书讲的不是用经验法估算工作量，而是用模型法估算工作量。

本书理论完备、严谨，并给出了工程化的软件工作量估算方法和大量的实战经验。

在为客户提供咨询的过程中，我帮助客户识别并建立了大量的预测模型与控制模型，积累了丰富的经验，但是，当我读到 Abran 博士的这本书时，我深深地被打动了。他的实践经验比我更多，思考得比我更深入，他的理论更完备、更严谨，拓宽了我的视野，让我意识到了自己学识上的狭隘与浅薄。

没有大量的实践经验，没有深厚的理论功底，没有多年的潜心研究，是写不出这本书的。

它明确区分了估算与预算，前者是项目组对成本的预测，后者是管理者对成本的决策。

它明确区分了估算、调整、决策阶段，明确了软件成本估算的生命周期。

它把估算模型区分成黑盒模型与白盒模型，强调了白盒模型是可验证的，具有更高的可信度。

它把估算模型区分成外来的模型与自己的模型，强调了自己的模型才是最合适的，不能迷信业内的一些参考模型。

它提出了分段建立生产率模型的策略，针对非正态分布的数据、非直线相关的模型，也给出了解决方案。

它对看似散乱的楔形分布趋势，提出了分类建立模型的策略，需要识别其他隐藏的自变量。

它指出了建立包含多个变量的复杂生产率模型不如建立多个简单的生产率模型更实用。

它给出了建立模型时需要的样本点的经验数值。

它对如何验证生产率模型的有效性给出了多个案例。

学会了本书的内容，相信你能在软件成本估算领域练就一双“火眼金睛”，达到“一览众山小”的境界。相信你可以快速、准确地识别各种生产率模型的正确性和实用性！

我也很喜欢 Abran 博士在每章之后设计的作业与思考题，这对我们深入理解本书的内容有很大帮助。本书也是全球多所大学软件工程专业的研究生教材。

本书由徐丹霞和郭玲担任主要翻译工作，徐丹霞负责翻译第 1～5 章，郭玲负责翻译序言、第 6～13 章。两位译者还进行了交叉评审，最后由任甲林进行通稿校对。译者在翻译过程中把握的基本原则就是：在翻译每句话时，首先准确理解原文的含义，然后确保中文的正确与通俗易懂。在翻译过程中，译者也和作者 Abran 博士做了大量的沟通，老先生耐心地解释了某些语句的内涵。

由于我们水平有限，错误之处在所难免，请各位读者不吝指正。有兴趣的读者可以加入 COSMIC 的 QQ 群（群号：309842452），与本书的三位译者讨论本书或规模度量与软件估算的话题。

任甲林

2019 年 7 月 8 日

译者简介

徐丹霞 麦哲思科技高级咨询顾问，软件度量与量化管理专家，COSMIC 度量手册中文译者，COSMIC 方法资深讲师，认证的软件成本造价师，认证的大规模敏捷（SAFe）咨询顾问（SPC），CMMI 研究所授权的 CMMI-DEV 教员。具有多年的软件度量和功能点应用领域经验，曾协助多家企业导入功能点方法以解决项目成本估算难题。

郭玲 麦哲思科技高级咨询顾问，香港城市大学信息系统管理硕士，COSMIC 度量手册中文译者，COSMIC 功能点讲师，PMI-PMP、PMI-ACP 认证专业人士，为多家软件公司提供了功能点方法导入的咨询与培训。

任甲林 麦哲思科技（北京）有限公司总经理，CMMI 研究所授权高成熟度主任评估师、CMMI 教员，CMMI 中国咨询委员会（CAC）成员，COSMIC 实践委员会、国际咨询委员会成员，中国区主席，AgileCxO 研究所授权的敏捷性能合弄模型（APH）评估师、教练，认证的 Scrum Master、大规模敏捷（SAFe）咨询顾问（SPC），具有超过 25 年的软件工程经验，20 年过程改进经验和十多年软件项目管理咨询经验。2014 年出版专著《术以载道——软件过程改进实践指南》。

作者简介

Alain Abran 博士是加拿大蒙特利尔市魁北克大学高级技术学院（ETS）的软件工程教授。

Abran 博士拥有 20 年以上的信息系统开发和软件工程行业经验，以及 20 年的大学教学经验。Abran 博士拥有加拿大蒙特利尔理工大学电子与计算机工程博士学位（1994 年）、加拿大渥太华大学管理科学硕士学位（1974 年）和电气工程硕士学位（1975 年）。

Abran 博士是通用软件度量国际联盟（Common Sofeware Mesurement International Consortium，COSMIC）的主席。他在 2010 年出版了《软件计量学与软件度量学》，2008 年出版了《软件维护管理》[①]，均在 Wiley & IEEE CS 出版社出版，并共同编辑了 2004 年版《软件工程知识体系指南》。

Abran 博士的研究方向包括软件生产率、估算模型、软件质量、软件度量、功能规模度量方法、软件风险管理以及软件维护管理。

Abran 博士的联系方式是 alain.abran@etsmtl.ca。

① 合作者是 Alain April。

前　言

项目估算不仅对大多数软件企业是一项挑战，而且对他们的客户也是一件非常头疼的事情，因为客户需要承受项目严重超支、进度延迟、软件功能没有达到预期以及质量问题等多方面风险。

目前的软件估算水平是否比 40 年前有提高呢？目前的估算模型是否更好用呢？

在这段时间里，软件估算方面一成不变的是什么？

- 全世界的项目经理（以及他们的组员）都被寄予厚望，期望能满足基于模糊的需求而设定的预算目标和项目完工时间。
- 研究人员继续开发越来越复杂的估算模型和方法，以达到“准确”估算的目的。
- 尽管我们可以通过软件估算工具供应商获得商业工具，或在网络中获得免费的估算工具，但是几乎没有文档化的证据说明这些工具在已完工项目中的使用效果。

40 年来，关于软件估算的书籍和工具层出不穷，提出了很多解决方案（估算工具、模型、技术）以应对软件估算带来的挑战。

- 但是这些解决方案的有效性到底如何呢？
- 有哪些可用的知识能评价这些估算工具的有效性呢？

项目经理对他们的估算过程的质量、市场上的估算工具的性能了解多少呢？通常并不多！然而，管理层还是会根据这些估算工具提供的结果进行很多决策活动。

在估算中，软件估算人员和管理者分别扮演着不同的角色。

- 软件估算人员的角色不是承诺发生奇迹，而是要提供优质的、合理的技术信息，上下文环境以及对结果的解读，即估算人员需要向管理者提交信息以支持决策的制定。

- 而管理者需要根据这些信息，选择和分配项目预算，并且管理相关的风险：管理者的角色是在项目进行过程中承担风险并管理风险。

当一个组织已经收集了自己的数据并且有能力来分析数据、记录估算模型质量时，该组织便具备了以下两个优势：

- 面向市场时的关键竞争力优势；
- 在非竞争环境下的可信度优势。

当一个组织没有度量其历史项目的生产率时，它在以下很多方面都是未知的。

- 组织的绩效如何？
- 某个经理的绩效与其他人的差别有多大？
- 某个经理在估算时所做的假设与其他人的差别有多大？

很多软件组织都处于这样的一个局面，即使用的估算模型来源于生产率不同的环境，无法提供真正的价值。当人们对以下两种情况了解甚少时，更是如此。

- 外部数据库的数据质量。
- 在建立估算模型环境中的模型质量。

这些模型具有花哨的功能和成本因子，而那些对这些模型感觉良好的人，却在这些“黑盒”数据上自欺欺人。

本书将教授开发估算信息（估算数据+估算环境）的方法。该估算信息可以帮助管理者在不确定的环境下制定项目预算决策。

本书不包含以下内容：

- 声称可以一次性处理所有成本因子的黑盒估算；
- 估算秘诀；
- 估算模型、技术、成本因子的摘要；
- 对项目每个阶段进行详细策划的要点。

本书将介绍软件项目估算中的工程实践，具体内容如下：

- 度量软件项目生产率的正确概念，即功能规模度量；
- 如何使用生产率数据建立估算模型；

- 如何验证一个估算过程中每个构件的质量；
- 如何为软件项目管理（预算与控制）中的决策制定提供有价值（如正确的信息）的信息。

如果没有牢固的统计学基础，就不会有工程化方法，也无法进行软件估算！

目标读者

本书不适合那些寻找快速的、一次性解决方案的读者。本书面向的读者是那些希望通过学习工程实践来获得软件估算方面长久且持续竞争优势的读者，并且他们也乐于学习具体实现的方法（包括在探索更复杂的统计方法之前，例如机器学习技术或模糊逻辑，使用简单且完备的统计学方法进行数据收集和数据分析的必要工作）。

概述

本书主要分享了作者在设计可靠的软件估算流程方面多年的丰富经验。这些估算流程可以作为管理者的决策支持工具。

本书还介绍了一些基本的统计学和经济学概念。这些概念是理解如何设计、评价和改进软件估算模型的基础。

因为量化数据和量化模型是工程、科学和管理领域的基础，所以对于各种规模的软件组织而言，本书将非常有帮助。同时管理者将会在本书中找到在软件项目估算中进行量化改善相关的有效策略。书中还提供了大量的实例，供读者参考与学习。

本书适合软件经理、软件项目估算的审计人员和其他 IT 行业从业者，以及学习“软件项目管理”相关课程的学生阅读。

本书结构与内容

本书分为 3 个部分，共 13 章。

第一部分	第二部分	第三部分
理解估算过程	估算过程：必须验证什么	建立估算模型：数据收集和分析
第 1～3 章	第 4～7 章	第 8～13 章

第一部分:“理解估算过程”(第 1～3 章)介绍在设计和使用软件估算模型进行决策时，估算人员和项目经理都需要知晓的软件估算的多个视图。该部分解释了估算过程的结构，包括嵌入在估算过程内的生产率模型，并澄清了估算人员和项目经理在角色和职责上的区别。最后，介绍估算中必须予以考虑的大量经济学概念，比如规模经济/非规模经济、固定成本/变动成本。

第 1 章介绍了估算过程及其各个阶段，以及软件估算人员和管理者的不同角色和职责。

第 2 章介绍了一些重要的经济学概念，这些概念有助于理解并建立基于生产率模型的开发过程性能模型，特别是解释了产品模型中的规模经济/非规模经济和固定成本/变动成本的概念。本章同时展示了软件工程的一些典型和非典型数据集合的特征，并解释了生产率模型中的显式变量和隐式变量。

第 3 章讨论了从估算结果的区间范围中挑选一个单点值作为预算可能造成的影响，包括各种场景及其对应发生概率的识别，以及在项目投资组合层级进行应急措施的识别和管理。

第二部分：“估算过程：必须验证什么”（第 4～7 章）介绍一些必要的概念和技术，以理解估算结果的质量取决于其输入的质量和其所使用的生产率模型的质量，并介绍了根据估算目的增加的调整因子的局限性。

第 4 章介绍了当建立和使用生产率模型时，如何识别出在估算流程中必须理解和验证的多个成分。我们是从工程化角度，而非从“手工艺”角度来看待模型的。

第 5 章介绍分析数学模型的直接输入值的质量所需的准则，即在估算中用于预测因变量的自变量。

第 6 章介绍了分析数学模型质量所需的准则，以及模型的输出结果，并通过图解展示了如何使用这些质量准则来评价业内推荐的模型和工具的性能。

第 7 章介绍在度量活动和多因子之间的关系模型中，不确定性和误差是固有的。本章还介绍了不确定性和误差的一些来源，并阐述了当在估算过程中引入其他因子时，这些不确定性和误差是如何累加的。

第三部分：“建立估算模型：数据收集和分析”（第 8～13 章）介绍建立估算模型过程中的问题，包括数据收集和国际标准的使用，以便在项目间、组织内、国家间横向对比；如何使用质量数据作为输入并基于一系列经济学概念来建立具有多个自变量的模型。

第 8 章介绍在估算流程中应用业界模型，应基于已完整定义并规范化的参数定义。本章介绍了国际软件基准标准组（International Software Benchmarking Standards Group，ISBSG）定义的一些软件项目数据收集标准。显然，规范化的定义对于内部基准、外部基准以及建立生产率和估算模型都是至关重要的。

第 9 章演示了如何建立只有一个自变量的模型，需要首先识别最重要的变量，即待交付的软件规模；介绍如何使用 ISBSG 数据库中的项目数据进行建模，包括数据准备和对描述性变量的相应取值的识别，例如开发环境。

第 10 章展示了一个案例研究。该案例是关于如何应用行业数据建立以项目规模为主要因子并包含少量其他类别变量的项目模型，以及如何分析和理解该类模型的质量。

第 11 章介绍了如何识别出项目最好和最坏情况的生产率，以及如何从性能分析中吸取经验教训并用于估算。

第 12 章通过探讨规模经济和非规模经济、过程性能能力和对生产率制约条件的影响等概念，分析如何从同一数据集中识别出多个模型。

第 13 章介绍在一个软件项目生命周期中，有很多影响生产率的因素，比如功能的增加或修改、风险实质化等。因此，项目经常需要在生命周期的各个阶段重新进行估算。本章介绍建立重估算模型的方法。

表 1 为软件经理阅读的指导方案。

表 1　软件经理阅读指导方案

推荐阅读方式	推荐理由	可实现的目标
第 1 章（完整阅读）	估算过程包括多个阶段，估算人员和管理者的职责不同，且互相补充	验证你的估算过程是否包含本章中描述的所有阶段，并且相关职责是否明确
第 2 章（完整阅读）	经济学概念对于估算目的非常有帮助：它们可以解释软件成本结构中的基础性问题，比如固定成本/变动成本、规模经济/非规模经济	询问一下你的软件工程师：①在软件项目中的固定成本/变动成本是什么？②在我们的软件开发过程中是否存在规模经济或非规模经济
第 3 章（完整阅读）	估算人员应该提供场景和可能的估算范围。管理层可以在项目集管理的层面上，根据这些信息分配项目预算以及应急资金	管理者需要从一个估算范围中选择一个值作为项目预算，并且分配应急资金以管理固有的估算风险
第 4～7 章（快速阅读）	估算模型应该给出“值得信赖的数字”：必须验证并记录估算模型的质量，如若不然，估算将沦为“垃圾进，垃圾出”	要求估算人员记录估算过程中的质量控制，并且要对估算过程进行审计

续表

推荐阅读方式	推荐理由	可实现的目标
第 8～13 章（快速阅读）	通过标准化定义收集的数据可以在组织内及行业内进行性能比较。在进行数据分析和建立估算模型时需要使用工程化技术。当项目预算出现偏差时，一般的估算模型将不再适用；需要使用重估算模型	验证组织在进行数据收集时，使用的是最佳行业标准。估算人员根据这几章推荐的最佳实践来实施估算，要求估算人员建立重估算模型

表 2 为 IT 从业人员、IT 审计人员及对如下主题感兴趣的大学生的阅读指导方案：

- 培养软件估算方面的专业技能；
- 验证目前的软件估算模型和过程的质量；
- 设计新的软件估算模型和过程。

表 2 IT 从业人员、IT 审计人员及对估算感兴趣的大学生阅读指导方案

推荐阅读方式	推荐理由	可实现的目标
第 1～3 章（完整阅读）	估算模型必须基于对组织性能的了解：软件开发中的固定成本/变动成本、规模经济/非规模经济	当准备进行项目估算时，使用组织关于固定成本/变动成本方面的历史数据作为估算过程的基础；明确估算人员与管理者各自的职责
第 4～7 章（完整阅读）	估算模型应该提供“信息”而不仅仅是数字。这 4 章说明了在验证组织目前的生产率模型或待使用的生产率模型时，需要验证哪些方面，并且在记录模型质量时需要使用哪些准则。同时还将介绍增加更多的因子并不会增加模型的确定性	对于决策制定，必须提供相关信息，如数据和背景信息，包括记录生产率模型输入的质量，以及可能的估算范围
第 8～13 章（完整阅读）	为了设计一个值得信赖的估算过程，需要具备以下要素：数据收集的标准；统计异常值的识别；选择相关的样本进行数据分析；建立单变量模型或多变量模型；在重估算时，需要考虑其他限制条件	在估算时，基于相关的数据集，使用所推荐的技术建立合理的估算模型；在重估算时，包含其他相关的生产率因子

致谢

多年来，许多业内的同事以及来自世界各地多所大学的同事、以前的研究生都帮忙厘清了本书中的许多章节（详见表 3），感谢他们。

表 3 本书部分章节的撰稿人

章 名	撰 稿 人
第 2 章 理解软件过程性能所需的工程和经济学概念	Juan Cuadrado-Gallego, University of Alcala（西班牙）
第 3 章 项目场景、预算和应急计划	Eduardo Miranda, Carnegie Mellon University（美国）
第 7 章 对调整阶段的验证	Luca Santillo, Agile Metrics（意大利）
第 8 章 数据收集与业界标准：ISBSG 数据库	• David Déry（加拿大） • Laila Cheikhi, ENSIAS（摩洛哥）
第 9 章 建立并评价单变量模型	• Pierre Bourque, ETS – U. Québec（加拿大） • Iphigénie Ndiaye（加拿大）
第 10 章 建立含有分类变量的模型	Ilionar Silva and Laura Primera（加拿大）
第 11 章 生产率极端值对估算的影响	Dominic Paré（加拿大）
第 12 章 对单一数据集建立多个模型	• Jean-Marc Desharnais, ETS – U. Québec（加拿大） • Mohammad Zarour, Prince Sultan University • Onur Demırörs, Middle East Technical University（土耳其）
第 13 章 重新估算：矫正工作量模型	Eduardo Miranda, Carnegie Mellon University（美国）

特别感谢以下人员：

- 来自 Guadalajara University 的 Cuauhtémoc Lopez Martin 教授，以及 Charles Symons，他们对本书的初稿提出了非常有建设性的意见；
- Maurice Day 先生，为本书的图表改进做出了贡献。

最后，本书谨献给以下人员：

- 在这些年里向我提供软件估算方面反馈和见解的人们，以及基于合理、量化的决策，以自己的方式不断为软件估算的改进做出贡献的人们；
- 我的博士生们，他们有很多年的行业经验，且他们已经探索了多种表现形式，以深入揭示软件估算模型的本质。

服务与支持

本书由异步社区出品，社区（https://www.epubit.com/）为您提供相关资源和后续服务。

提交勘误

作者和编辑尽最大努力来确保书中内容的准确性，但难免会存在疏漏。欢迎您将发现的问题反馈给我们，帮助我们提升图书的质量。

当您发现错误时，请登录异步社区，按书名搜索，进入本书页面，单击“提交勘误”，输入勘误信息，单击“提交”按钮即可。本书的作者和编辑会对您提交的勘误进行审核，确认并接受后，您将获赠异步社区的 100 积分。积分可用于在异步社区兑换优惠券、样书或奖品。

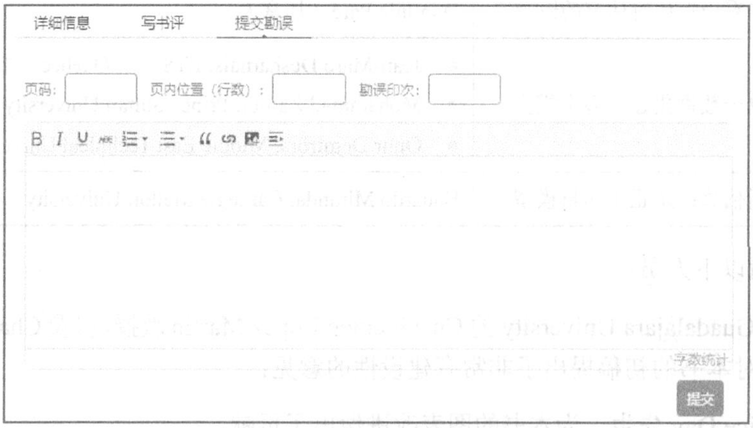

扫码关注本书

扫描下方二维码，您将会在异步社区微信服务号中看到本书信息及相关的服务提示。

与我们联系

我们的联系邮箱是 contact@epubit.com.cn。

如果您对本书有任何疑问或建议，请您发邮件给我们，并请在邮件标题中注明本书书名，以便我们更高效地做出反馈。

如果您有兴趣出版图书、录制教学视频，或者参与图书翻译、技术审校等工作，可以发邮件给我们；有意出版图书的作者也可以到异步社区在线提交投稿（直接访问 www.epubit.com/selfpublish/submission 即可）。

如果您是学校、培训机构或企业，想批量购买本书或异步社区出版的其他图书，也可以发邮件给我们。

如果您在网上发现有针对异步社区出品图书的各种形式的盗版行为，包括对图书全部或部分内容的非授权传播，请您将怀疑有侵权行为的链接发邮件给我们。您的这一举动是对作者权益的保护，也是我们持续为您提供有价值的内容的动力之源。

关于异步社区和异步图书

“异步社区”是人民邮电出版社旗下 IT 专业图书社区，致力于出版精品 IT 技术图书和相关学习产品，为作译者提供优质出版服务。异步社区创办于 2015 年 8 月，提供大量精品 IT 技术图书和电子书，以及高品质技术文章和视频课程。更多详情请访问异步社区官网 https://www.epubit.com。

“异步图书”是由异步社区编辑团队策划出版的精品 IT 专业图书的品牌，依托于人民邮电出版社近 30 年的计算机图书出版积累和专业编辑团队，相关图书在封面上印有异步图书的 LOGO。异步图书的出版领域包括软件开发、大数据、AI、测试、前端、网络技术等。

异步社区　　　　微信服务号

目　录

第一部分　理解估算过程

第二部分　估算过程：必须验证什么

第一部分
理解估算过程

估算绝对不是拍脑袋想出来一个魔幻数字，并让每个人冒着失去工作的风险去承诺达成这个数值（这会导致团队成员需要加班来努力达成一个不切实际的交付日期）。

本书的第一部分由第 1～3 章组成，主要介绍了估算流程的一些关键概念。

第 1 章介绍估算流程，内容如下：

- 收集将要输入到估算流程的数据；
- 数据在生产率模型中的应用；
- 调整阶段，用于处理项目的假设、不确定性和风险；
- 预算制订阶段；
- 估算者的角色，负责提供估算结果区间的信息；
- 管理者的角色，负责从估算者提供的估算结果区间中选择一个特定的值作为预算。

第 2 章介绍软件开发生命周期过程和传统的过程模型之间的关系，以及在软件项目背景下的多个经济学概念，内容如下：

- 规模经济和非规模经济；

- 固定成本和变动成本。

第 3 章讨论从估算结果区间中选择一个单点预算值的影响，包括各种场景的识别及其对应的可能性，以及项目群级别的应急策略的识别和管理。

第1章

估算过程：阶段和角色

本章主要内容

- 两个通用的估算方法：基于经验判断的估算方法和基于工程化的估算方法。
- 软件项目估算过程的概述。
- 基础：生产率模型。
- 估算过程的阶段。
- 参与估算和预算的角色及其职责。

1.1 概述

如果一个组织没有度量本组织的历史项目的生产率，那么该组织将无法洞悉以下信息：

- 组织是如何运作的；
- 某个经理的绩效与其他人的差别有多大；
- 某个经理在估算时所做的假设与其他人的差别有多大。

在很多软件组织中都存在这一现象——使用了与本组织生产率性能不同的其他组织的生产率模型，从而根本无法提供真正的价值。当对以下两种情况知之甚少时，更是如此：

- 来自外部资源库的数据的质量；
- 在相应环境中建立的生产率模型的质量。

当一个组织已经收集了自己的数据，并且有能力来分析数据、记录生产率模型质量时，则该组织具备了以下优势：

- 面向市场时的关键竞争力优势；
- 在非竞争环境下的可信度优势。

估算绝对不是拍脑袋想出来的一个魔幻数字，并让每个人都要冒着失去工作的风险去做出承诺达成这个数值（这会导致团队成员需要加班来努力达成一个不切实际的交付日期）。

本章简要介绍估算过程的各个阶段，并阐述生产率模型和将其应用于估算过程的区别。

1.2 估算模型的通用方法：经验判断还是工程化

1.2.1 实践者的方法：经验判断和技艺

采用数学模型进行估算，是将多个显性成本因子（这些因子为定量参数或分类参数）代入一个精确的数学等式进行运算，从而得到估算结果。然而与之相反，实际上，业界普遍使用的估算技术（也被称为专家经验法）一般都不会记录使用了哪些参数，或者明确描述如何将这些参数进行组合。

专家经验判断法的整个估算过程与本章接下来介绍的估算过程类似，只是不那么透明，当然，也无法追溯专家经验模型背后的历史数据。此外，也不可能对专家经验模型的性能进行评价，因为没有把关键的项目参数客观地进行量化和标准化，例如软件规模：

一个项目如果按照“官方”预算去管理，可能会成功。但是，如果无法验证交付了所承诺的所有功能，便不能认为估算结果正确：当只交付了要求的部分功能时，预期收益便无法收回，即与项目启动初期的成本收益分析存在出入。

我们从中可以得到结论，如果无法对功能交付情况进行相应的分析，对基于专家经验的估算结果进行性能分析的价值将十分有限。

当然，专家经验判断法高度依赖于估算人员的专业经验，并且它也会随项目的不同而发生变化，导致对该方法的性能评估十分具有挑战性。

对于专家经验的依赖为估算过程赋予了更多的技艺特征。该方法主要依赖于人的能力，而非某种经过全面测试并且完整定义的工程技术。

在决定应该包含哪些成本驱动因子，以及每个成本因子影响的特定区间范围时，基本上是完全根据一组甚至是一个估算工具的开发者的判断。

实践者通常也会尝试改进传统的软件估算模型，采用如下的类似方法：

- 基于其价值判断（也称为专家经验判断或专业知识判断），对成本驱动因子进行增加、修改和/或删除；
- 在原有的基础上增加影响因子。

这意味着改进过程一般是主观的，并且这种改进一般都缺少统计分析技术作支持。

1.2.2 工程化方法：保守方法——每次只有一个变量

从工程化的角度来看，建立软件模型是基于：

- 对历史项目的观察和量化数据的收集，包括变量刻度类型的识别，在建立生产率模型时加以考虑并充分使用这些变量；
- 对每个变量的影响分析，每次考虑一个；
- 选择相关的样本，并且从统计学角度来看，样本量是充分的；
- 记录和分析所使用数据集的分布特征；
- 将结论应用于与采集的样本数据不同的场景时要格外小心。

工程化建模方法首先分别研究分析每一个因子，之后再进行各因子的组合研究。

依靠这种方法当然无法找到一个适用于所有情况的模型，但是，可以找到符合部分约束条件的合理的模型。

本书正是使用这种方法作为建立生产率模型的基础：找到变量与工作量的关系，并对所有变量进行逐个研究以获得深入理解。

采取这种方法意味着首先需要找到每个变量对应的生产率模型，并且承认：

- 不存在完美的模型（比如，一个模型不可能包含所有的变量）；
- 每个模型都会展示出单个自变量对因变量，即工作量的影响。

1.3 软件项目估算及现行实践做法的概述

首先我们概要地介绍一下估算过程，然后介绍一些现行的实践和期望的做法。

1.3.1 估算过程的概述

软件估算方法的概略描述如图 1.1 所示。

（1）图 1.1 的左边部分是软件估算过程的输入条件。这些输入一般包括以下内容。

- 产品需求：
  - 用户提出的功能需求，这些需求被分配在软件中；
  - 非功能需求，其中一部分被分配到软件中，其他的被分配到系统的其他部分中（硬件、操作手册等）。
- 软件开发过程：通常先选择一个生命周期模型（如敏捷、迭代等）及其各种组件，包括开发平台、编程语言和项目组。
- 项目约束：这些是外部施加给项目的约束（如预先确定的交付日期、最高可用预算等）。

（2）图 1.1 的中间部分表示以生产率模型为基础的估算过程，包含以下内容。

- 每位参与估算过程的专家的“隐含”模型（一般来说，专家使用的生产率模型不会记录下来）。
- 数学模型：回归、案例推理、神经网络等。

（3）图 1.1 的右边部分通常是预期的估算成果物，包括软件交付所需工作量（成本或项目工期）的估算结果，以及交付的软件应满足在输入中规定的待交付软件需满足的质量水平要求。

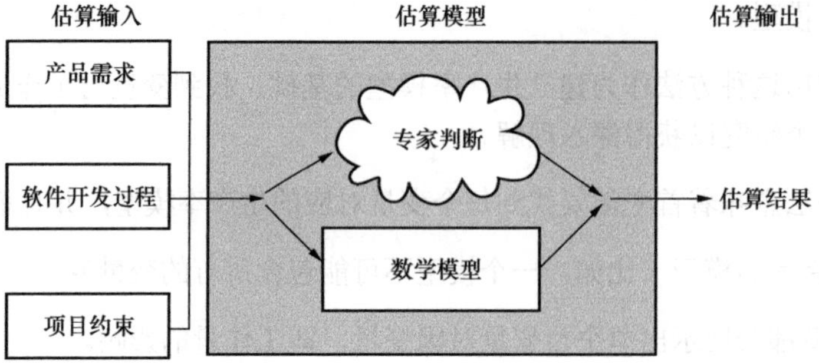

图 1.1　估算过程的示意图

1.3.2 糟糕的估算实践

在很多文献中都会用大量的篇幅介绍项目估算知识，尤其是软件项目估算方面的知识。

然而，实际上，软件行业一直被大量的糟糕估算实践困扰着，如图 1.2 所示。

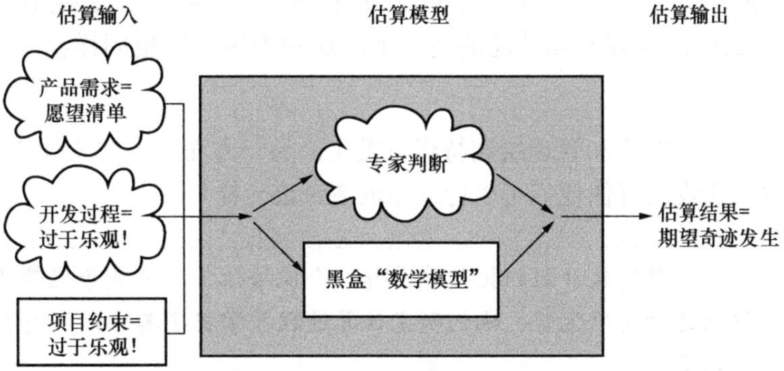

图 1.2 业界一些糟糕的估算实践

（1）估算输入。

- 客户对软件系统的期望只有一个无比简单的描述，经常是非常概略的定义，以及极少的文档描述。有多少次项目组被要求基于半页的用户需求描述来进行估算？这种估算输入在图 1.2 中被称为“愿望清单”。这样的清单不可避免地会随着时间更迭而改变，并且很有可能会以无法预测的速度进行变更。
- 为了弥补用户需求描述的缺乏，软件经理必须尽可能地考虑更多的成本影响因子，以此降低其估算风险。

（2）估算模型。

估算模型有正式或者非正式的模型。依据该模型可以通过如下黑盒操作方式对这些未完整定义的需求进行估算。

- 自身经验，如内部经验或外部经验（专家经验法）。
- 书中或是估算工具中隐含的数学模型。

（3）估算输出。

- 一个单点值的估算结果。该结果必须严格依据项目的预算以及在已定义的工期内期望完成的需求得来。
- 一个过于乐观的态度，这在软件从业者中是非常常见的。这意味着开发组将超越以往历史绩效，并且可以及时战胜一切约束条件。
- 同时，软件工程师或项目经理给出的估算结果既要满足客户期望，也要遵守管理层分配的项目预算。

综上所述，在这种最糟糕的实践做法中，不管是客户还是管理层都期望他们的员工（及供应商）会承诺不超时、不超预算地交付预期的软件功能，并且还是在他们自己都不清楚期望获得什么样的具体产品功能的情况下。这种不确定性也同样会遗留到所有的新项目中。

换句话说，一方面客户和管理层期待奇迹发生，另一方面太多的软件从业者进行着糟糕的单点值估算，表现得好像他们可以持续地创造奇迹一样！

<table>
<tr><td>业界的一些最佳估算实践</td><td>成熟的软件组织把估算看作一个能给他们带来竞争优势的过程。为了得到这种竞争优势，他们研究估算过程并掌握了其中的关键因素，包括以下内容：
● 调查收集项目需求并了解其质量；
● 使用软件度量国际标准；
● 在整个项目生命周期中坚持量化度量方法；
● 量化分析他们的历史性能，即他们在历史项目的交付和满足项目目标方面的能力如何；
● 深入分析他们的估算性能（实际与估算比较）。</td></tr>
<tr><td>业界的一些最差估算实践</td><td>● 主观臆断和单点值估算；
● 使用黑盒估算（专家经验和/或未文档化的数学模型）；
● 依赖别人的数字：没有对自己的估算过程进行研究，以形成持续性的竞争优势。</td></tr>
</table>

1.3.3 糟糕的估算实践的例子

以下是一些糟糕的估算实践的例子，如图 1.3 所示。

（1）估算模型的输入。

- 产品需求=愿望清单：
    - 没有按照国际标准度量功能性用户需求；
    - 使用项目结束后的 KLOC（千行代码），并没有考虑各种编程语言的混合使用以及不同语言的特征；

- 经常认为规模的计量单位无关紧要；
- 基于糟糕的需求进行 KLOC 的猜估，以及对采用不同编程语言时的需求与KLOC之间关系的错误理解。

（2）模型建立过程。

- 单个描述性因子转变为量化影响因子，而没有考虑其精确性和偏差。
- 在自有的开发环境中，没有对各项目变量的影响进行客观的量化分析。
- 完全依赖于没有足够证据支持的外部数据。

（3）生产率模型。

- 在基于专家经验的估算方法中，所谓专家的估算性能是未知的。
- 没有验证各种统计技术所需的假设是否满足（例如，回归模型里的变量的“正态”分布）。
- 变量太多，没有足够的数据来进行合理的统计分析。
- 对基于专家经验的方法进行性能分析时，没有验证已交付的软件规模。

……

（4）估算输出。

- 梦想：一个“准确的”估算结果。
- 对估算结果的备选值范围和备选偏差原因只做了有限的分析。
- 对估算结果的质量只做了很少的记录。

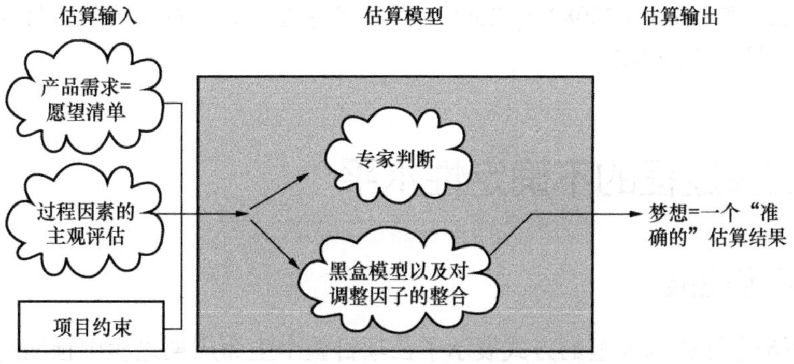

图 1.3 梦想：一个“准确的”估算结果

1.3.4 现实：失败记录

在全世界大大小小的组织中，软件项目估算是一个重复发生且重要的活动。在过去的 50 年里，人们对软件项目估算已做了大量的研究，并提出了无数个业界模型。那么，业内的软件估算到底怎么样呢？

答案是，不怎么出色（Jorgensen and Molokken 2006; Jorgensen and Shepperd 2007; Petersen 2011），如图 1.4 所示。

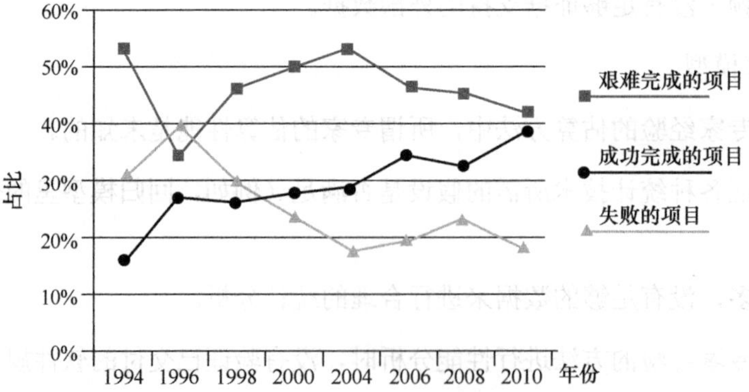

图 1.4 项目成功趋势图（基于 Standish Group 数据）（改编自 Miranda 2010）

- 图 1.4 是由 Eveleens and Verhoef（2010）引自 Standish Group Chaos 报告的数据，表明仅仅只有 30%的软件项目是按期、按预算交付的。
  自从 1995 年 Standish Group 报告第 1 版发布以来，软件开发行业在按时、按预算完成开发项目的能力上取得了一些进步，但仍有将近 70%的软件项目延迟交付并且超出预算，或者被取消。
- El Eman 和 Koru（2008）在 2008 年的研究中指出，艰难完成的项目和失败的项目平均数量占比为 50%。

1.4 估算过程的不确定性水平

1.4.1 不确定性锥

著名的不确定性锥以模型的方式展示了在项目整个生命周期过程中预期的偏差范围，如图 1.5 所示。

（1）在项目的早期，即可行性研究阶段，对于未来的项目（$t=0$）：

项目的估算偏差最大可能达到实际值的 400%，最小为实际值的 25%。

（2）在项目结束的时候（t = 项目的结束）：

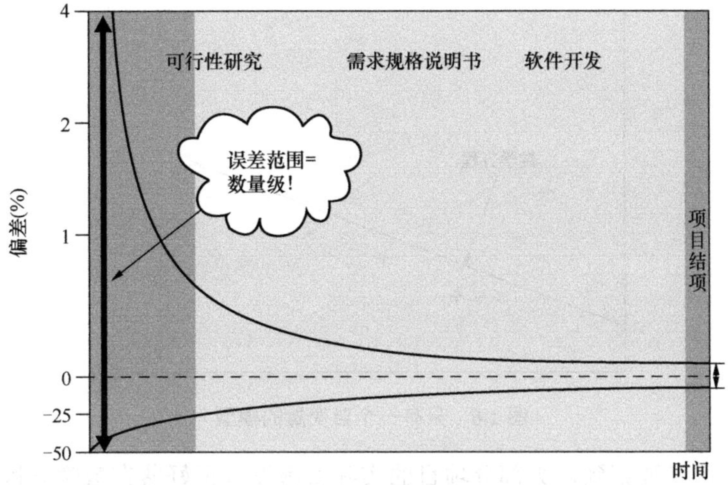

图 1.5 项目生命周期中的不确定性水平（改编自 Boehm et al. 2000，图 1.2, p. 10）

- 这时候，工作量、工期和成本（这些都是因变量）的值相对比较准确（在工作量数据收集过程比较可靠的情况下）；
- 成本影响因子（自变量）的值也相对比较清楚了，因为这些值都在实际项目过程中得到了观测，所以可以认为这些变量都是“确定的”，不会有任何修改（其中很多变量都是非量化的，例如开发模式、编程语言以及开发平台）；
- 但是，这些因变量和自变量的关系却很少有人知晓。即使是在项目结项这个时点，每个变量都是确定的，也仍然没有一个模型可以完美地复现规模-工作量之间的关系，而且生产率模型本身也仍然有不确定性。

我们称这个阶段为生产率模型阶段（t = 项目结项的时间）。图 1.5 中不确定性锥的最右端没有达到完全准确的原因是该图中的所有值基本上都是由专家法得到的推算值。

1.4.2 生产率模型中的不确定性

图 1.6 是一个二维生产率模型草图（假设是对于已经完成的项目），横轴是已完成项目的规模，纵轴是已完成项目的实际工作量。图上的每个点都对应一个已完成的项目（该项目的规模和实际工作量），而斜率就是表示这组已完成项目的统计学方程，也就是相应

的生产率模型。

换句话说，生产率模型表示图中的两个变量间的关系，即自变量（软件的规模）和因变量（已完成的项目工作量）间的关系。

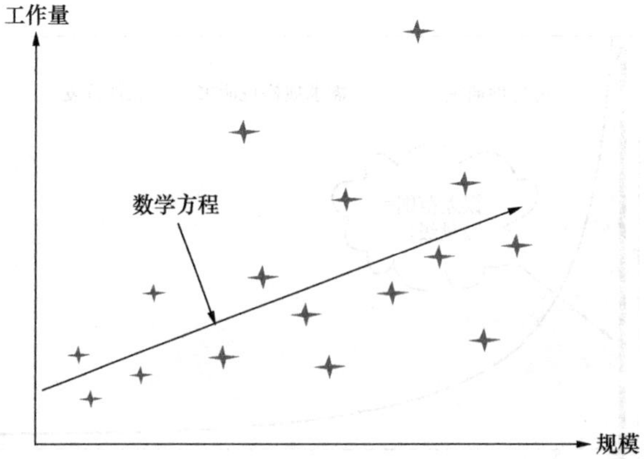

图 1.6 只有一个自变量的模型

从图 1.6 中可以观察到，大部分项目的实际值都没有正好落在数学方程的那条线上，而是有一定的距离。这意味着生产率模型不能准确地模型化规模-工作量之间的关系：即使估算过程的输入信息没有任何的不确定性，也只有部分实际值很接近那条线，而其他实际值却离得很远。

关于模型化规模-工作量关系的生产率模型（有一个或者多个自变量），在文献中经常提到这类模型的当前性能目标，如图 1.7 所示，即 80%的项目落在距离方程曲线 20%的偏差范围内，而 20%的项目落在这个范围外（但是不超过某个偏差范围上限）。

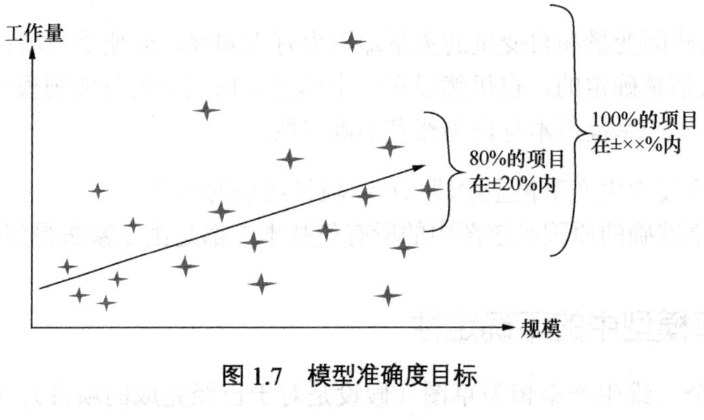

图 1.7 模型准确度目标

用于建立生产率模型的背景（以及已收集的数据）与需要进行估算的背景有很大的区别：在实践中，一个项目必须在整个项目生命周期的早期进行估算（事前估算）。在这个阶段，哪些是需要开发的软件功能以及如何开发这些功能都存在很大的不确定性。

在 1.5 节和 1.6 节中，将更详细地讲解生产率模型及其在估算过程中的应用。

1.5 生产率模型

研究者在建立数学模型时一般都是使用已完成的项目数据。这意味着他们是基于一组已知的事实而没有任何不确定性，如图 1.8 所示。因此，文献中的大多数所谓估算模型实际上是生产率模型。

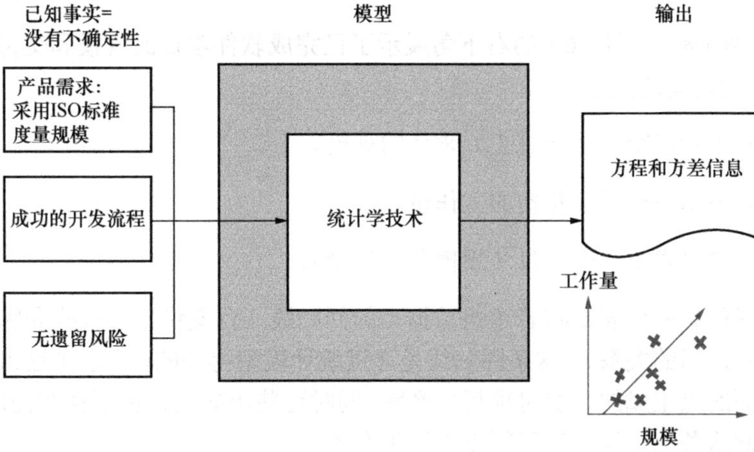

图 1.8 生产率模型的原理示意图

待建立模型的输入内容如下。

- 产品需求：已被开发完成并交付的整个软件。
  - 基于实际交付的产物，可以非常精确地度量软件。
  - 同时，可以采用任意可用的分类机制，对软件的特征进行刻画。
- 由于软件开发过程已完成，可以明确地进行刻画和分类。
  - 资源方面：人员的业务领域相关经验、开发技能、在项目周期内的可用性等。
  - 过程方面：开发方法、开发环境等。
- 目前已了解项目约束，也不存在其他未知因素和遗留风险：所有变量都是常量（不会有变化）。

总之，这些来自于已完成项目的输入条件可以包括以下两个方面。

- 量化数据（比如软件功能规模，可能是用国际度量标准进行度量的，例如使用传统功能点方法或 COSMIC 功能点方法）。
- 或者名词性数据（比如编程语言）或者定类数据（比如软件工程工具的类别），或者定序数据（比如复杂度水平，从易到难）。

（1）数学方程模型。

估算人员可以使用一系列的数学方法来帮助他们从大量已完成项目中量化地确定目标因变量（例如，项目工作量或项目工期）与自变量（产品规模和各种成本因子）之间的关系。

- 例如，图 1.8（和图 1.6）的右下角展示了已完成软件项目的规模和交付这些项目所需工作量之间的关系。
  - 横轴表示已交付（即过去）软件的规模。
  - 纵轴表示每个项目花费的工作量。
  - 每个星号表示一个项目（规模和工作量）。
  - 直线的斜率代表最符合这组数据点的回归线（自变量项目规模和因变量项目工作量之间的关系）。这条回归线是通过统计模型得到的，表示由这组特定数据集里面的点生成的已交付项目生产率，同时这些历史项目也不存在任何不确定性，因此这条回归线也表示历史项目生产率。

这些历史项目生产率的数学模型主要优势如下。

- 该数据集当中的变量描述都遵循某些文档化的约定。
- 可以描述并分析这些数学模型的性能。
  例如，图 1.8 中的回归模型，用每个点与方程那条线的距离可以计算出模型的“质量”。
- 任何人都能使用这些模型来估算以后的项目。而且，如果对这些模型提供同样的输入信息，就会得到同样的输出结果（模型是“客观的”）。在实践中，估算结果会因输入的不同而不同。

因此，生产率模型是基于已知信息建立的历史项目模型，同时：

- 该模型具有对已实现软件进行精确度量得到的量化变量（但是度量过程仍然存在一定程度的不精确）；
- 这些量化变量是在项目生命周期期间进行收集并存储在项目记录系统里；

- 对于其他已知信息的描述性变量是由项目专家主观评估确定。对于已完成的项目来说，没有本质的不确定性。

（2）专家判断法。

专家判断法一般是非正式的，无记录的，并且专家判断法是基于对过去项目的主观回忆而得到的历史经验，通常是没有参考已交付软件的精确量化数据或者精确成本因子数据。

唯一可获得的精确数据一般是关于因变量（工作量和工期）的，而不是自变量（例如，产品规模，尤其是已交付的功能）。

此外，一般没有历史项目生产率的精确数据，也没有能够展示一组项目性能的图形。

1.6 估算过程

1.6.1 估算过程的背景

典型的估算过程通常都是在项目早期需求不明确的时候进行的：

- 需求不精确；
- 需求含糊和遗漏；
- 以及贯穿整个生命周期中的需求不稳定；

……

上述情况导致无法在该阶段准确地度量需求规模，最多只可以近似度量。

- 可能对项目造成影响的多种因素的不确定性：
  - 项目经理的经验；
  - 新的开发环境是否能如厂商广告中所说的那样运行；

  ……
- 大量的风险：
  - 用户对需求的想法出现变化；
  - 在计划的时间内不能招聘到具备相应技能的人员；
  - 重要团队成员的离开；

……

事实上，对于新软件项目的估算，经常是发生在这样的背景下：信息不全面、未知情况较多、存在大量风险。本章将通过一个工程化过程解决以上估算需求，并形成一套估算流程处理以下问题：

- 不全面；
- 不明确；
- 风险。

1.6.2 基础：生产率模型

首先，根据历史项目建立的生产率模型是估算过程的核心，不管这个模型是以正式的数学方程形式描述的，还是隐藏在人的经验中以专家判断法得到的软件估算。

其次，图 1.8 中的生产率模型是应用于以后的项目估算中的(图 1.5 中的估算锥的左边)，而这种情况下，输入（包括产品需求的规模和成本因子）都是无法精确知晓的并且它们很有可能存在大范围的偏差和不确定性。

横轴上预期的输入（未来的项目），其偏差范围会对变量估算结果输出（比如，纵轴上的项目工作量或项目工期）的偏差范围造成决定性影响，导致其与根据历史项目建立的生产率模型相比，可能存在更大的偏差。

1.6.3 完整的估算过程

估算过程包括如下 5 个主要阶段，如图 1.9 所示。

（1）阶段 A——收集估算过程的输入：

- 产品需求的度量数据（或者，更常见的是对需求规模的估算或近似值）；
- 对其他主要成本因子的假设。

（2）阶段 B——生产率模型的使用（作为一种模拟模型）。

（3）阶段 C——调整过程，对生产率模型没有包含的那些变量和信息的考虑，包括：

- 不确定因素的识别；
- 风险评估。

（4）阶段 D——预算决策：确定最终的预算单点值（在项目级和项目群级别）。

（5）阶段 E——在项目监控需要时进行重新估算。

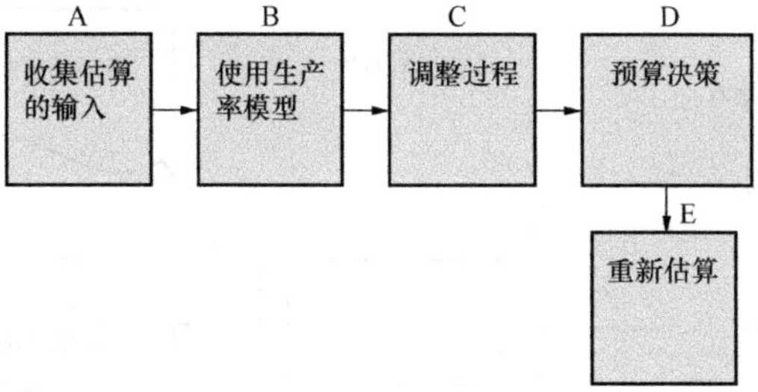

图 1.9 估算过程

下面对每个阶段进行详细的介绍。

1. 阶段 A：收集估算的输入（见图 1.10）

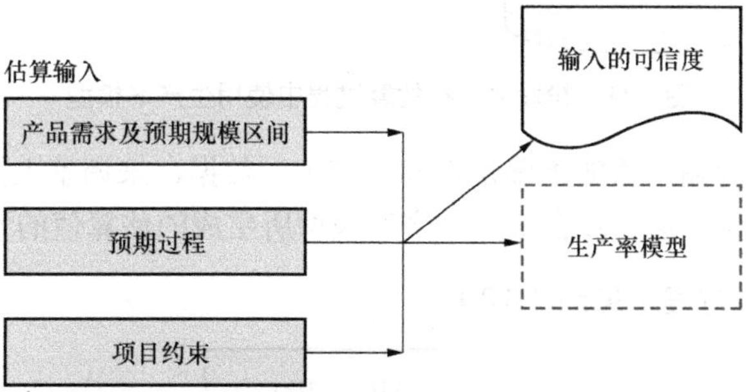

图 1.10 阶段 A：估算过程中输入数据的收集

分析项目信息和收集数据，以便识别出成本因子（资源、过程和产品），作为一个具体项目的估算输入。

对识别出的成本因子值的估算：

- 当准备进行估算时，这些输入是不确定的，所以需要进行估算；
- 输入的这种不确定性应该被记录下来，以便用于阶段 B。

2. 阶段 B：使用生产率模型（见图 1.11）

使用生产率模型进行估算一般有两个步骤。

（1）使用生产率模型作为一种模拟模型，通常只关注输入值的估算结果（而不考虑输入值的不确定性）：

- 生产率模型方程会生成一个理论上的单点估算值，这个值对应方程所描绘的直线上的某一点；

- 生产率模型的性能数据可以用于识别预期偏差范围（基于建模所使用的历史数据）。

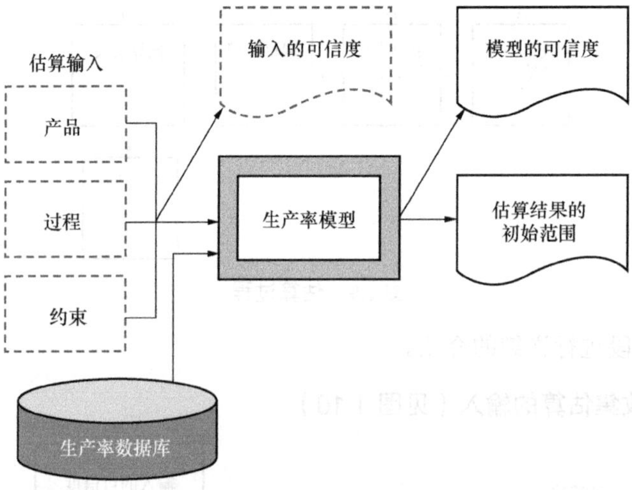

图 1.11 阶段 B：在估算过程中使用生产率模型

（2）利用所估算的输入值的不确定性和偏差范围数据，来调整上面第一步中所估算的输出值范围。一般来说，这一步会增大生产率模型所生成的估算值的预期偏差范围。

3. 阶段 C：调整过程（见图 1.12）

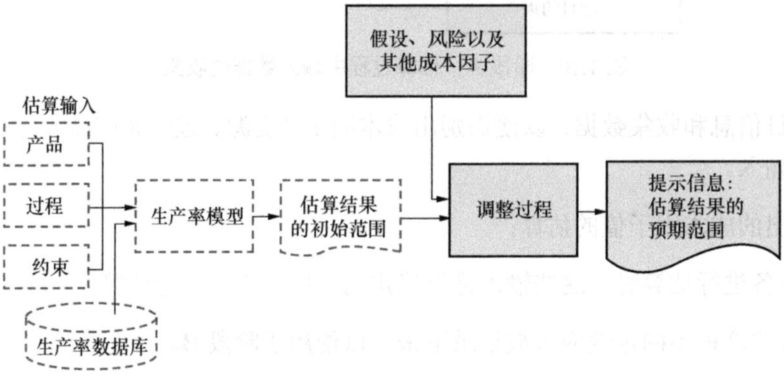

图 1.12 阶段 C：调整阶段

估算过程不仅限于盲目地使用生产率模型的输出值：

- 一方面，生产率模型本质上一般只包括有限的几个变量，即这些明确作为自变量出现在数学方程中的变量；
- 另一方面，还有一些其他因子既可能没有历史数据，也可能没有影响项目的风险（而很多这种因子常常可以用量化方式描述）。

软件估算人员必须识别出这样的因子，因为它们可能对项目造成影响，因此需要在调整过程中予以考虑。

调整过程需要考虑在估算过程中还没有使用的变量和信息，包括：

- 对其他成本因子的识别（那些没有包含在生产率模型中的因子）；
- 不确定因素的识别；
- 风险的识别及其发生的可能性；
- 关键项目假设的识别。

注意，这个过程经常是在专家判断的基础上进行的，并且通常不仅会影响生产率模型的理论估算，而且会影响估算结果的上限和下限，并且可能会提供定性的信息，比如：

- 一个乐观的估算（成本或工期最少）；
- 一个最可能的估算（人们认为发生的概率较大）；
- 一个悲观的估算（预期的成本或工期最高）。

因此，估算过程的输出是一组数值，即一组信息。这些信息将应用于下一阶段的预算和项目资源分配。

4. 阶段 D：预算决策（见图 1.13）

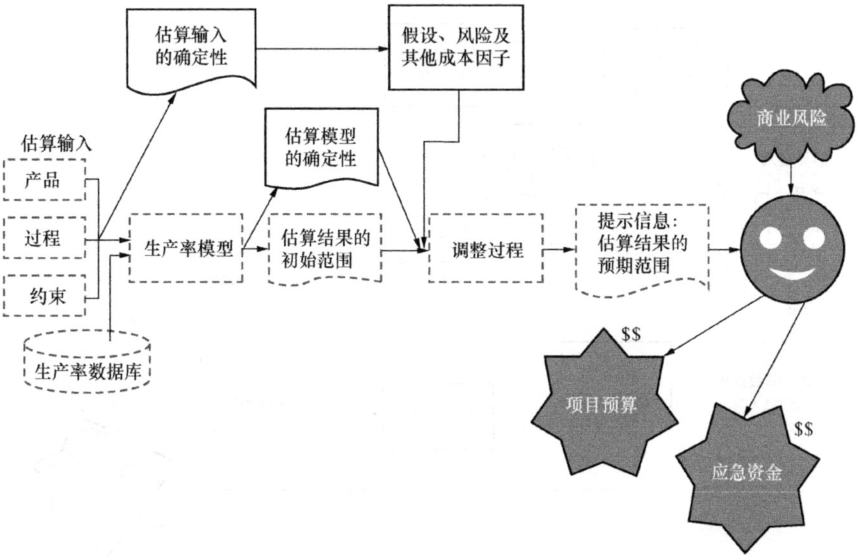

图 1.13 阶段 D：预算决策

预算决策阶段包括从估算结果的初始范围中选择一个具体值或一组值（工作量和工期），并分配到项目中。这一阶段也是决定项目预算的阶段。

当然，对一个具体值的选择，经常被不准确地称为“估算”。预算决策主要取决于业务经理（即决策者）的策略：

- 保守者会选择一个较高的值（在悲观场景下）；
- 冒险者会选择一个较低的值（在乐观场景下）；
- 中庸的管理者则会分析整个范围及其可能性，然后选择一个项目预算，同时考虑自己选择的值可能过低，再设置一部分应急资金。

应急资金的管理经常在项目投资组合层级进行，参见第 3 章。

对一个具体项目的预算决策（在实践中被错误地叫作“项目估算”）不应该只基于生产率模型得出的结果。

- 估算过程的最终结果的可靠性不会高于每个子过程及其组件的可靠性，而是跟最不可靠的那个组件相同。
- 因此，预算决策者必须了解每个组件的质量以对估算结果的谨慎决策。

估算和预算的其他概念在 1.7 节中有讨论。

5. 阶段 E：重新估算（见图 1.14）

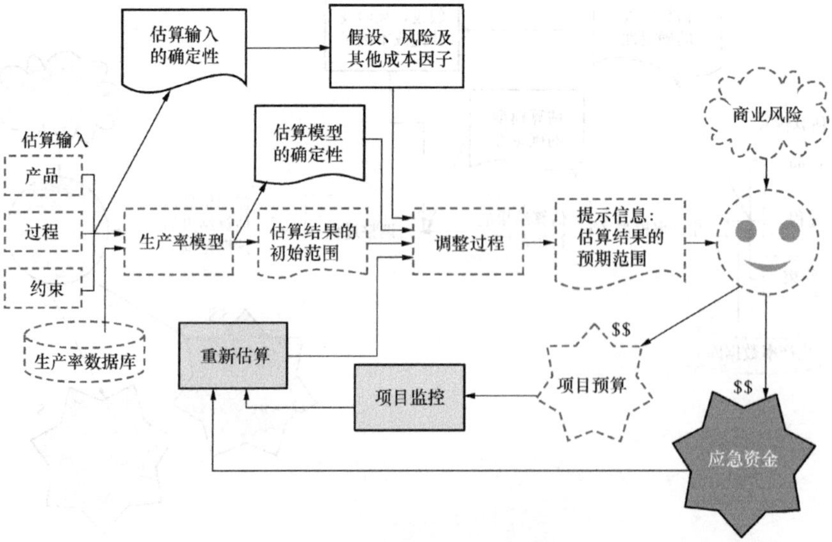

图 1.14 阶段 E：重新估算

由于估算过程内在的不确定性，项目必须监控这些值以便验证其是否按照计划进行，包括预算、进度和预期的质量。一旦与计划相比出现重大偏离，项目应该重新进行估算（Farley2009；Miranda and Abran 2008）。关于这方面内容将在第 3 章和第 13 章进行详细讲解。

6. 阶段 F：估算过程的改进（见图 1.15 和图 1.16）

在项目层级上，项目经理的直接职责只包括上述的 5 个估算阶段，之后他们便可以进行下一个项目了。

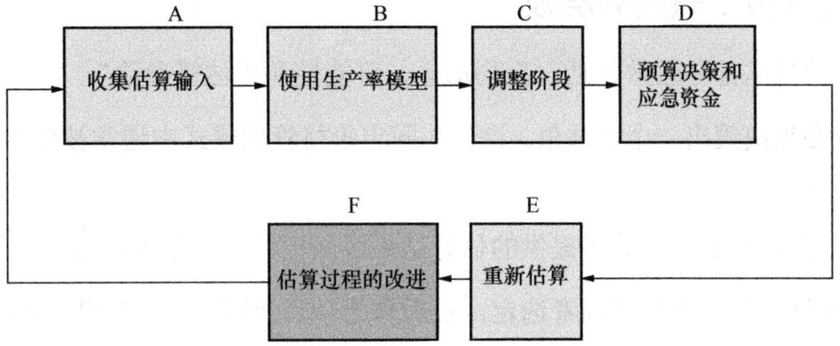

图 1.15 估算过程的反馈环路

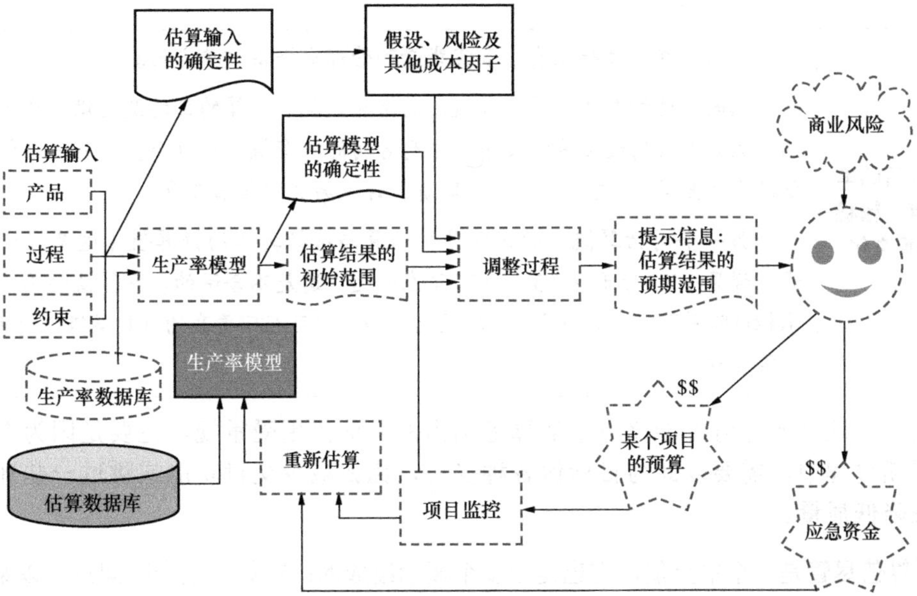

图 1.16 阶段 F：估算过程的改进

还有一个阶段一般是在组织级执行而不是项目级，包括在项目结束时利用初始估算参数来分析估算过程本身的性能，以及改进从阶段 A 到阶段 E 估算过程的各个阶段。这个阶段我们称之为“阶段 F：估算过程的改进”（见图 1.15 中本阶段的位置、图 1.16 中包含的所有输入和输出汇总说明）。

1.7 预算和估算：角色职责

1.7.1 项目预算：职责的层级

估算过程的技术部分通常包括一系列场景、可能性和“估算参数”。

在该阶段必须决策出一个具体值。该值在固定价格管理模式中通常被称为“项目预算”或“项目合同额”。

- 项目预算是从软件估算者提供的估算结果区间中选择一个单点值。
- 内部项目预算由高层管理者选定，然后作为项目经理（及其团队）的“目标”。
- 外部项目价格由管理层确定，并提供给客户。举例来说，该价格可能根据完成时间及完成内容定价，或是设定一个固定价格。

软件项目的单点估算 = 糟糕的估算文化	目前，在软件行业有众多实践者和管理者提供“单点估算”。 然而，这种做法是对估算概念的常见误解。估算的目的是提供一个推测范围（从最小值到最大值以及介于这两者间的所有值——每个值对应一个相对较低的发生概率），这是估算者的职责，详见第 2 章和第 3 章。 另一个对估算概念的误解是把估算与选择具体的预算值（这是经理的职责，详见 1.7.2 节和 1.7.3 节）联系在一起，这是不合适的。预算值的选择需要承担风险并预留应急资金。该决策需要由比项目经理更高的行政层级来解决，详见第 3 章。

当然，这个预算值可能比整个估算范围内的其他值更受重视，主要是因为在整个项目周期过程中，需要以此为目标做各种妥协，比如减少交付功能或跳过一些评审和测试来降低质量。

预算值尽管是一个单点值，它也是由多个概念组成的：比如在某个时间点、以某一质量水平、交付响应成果物所需的预估成本和工作量。事实上，即使在项目结束时，实际成本和工作量等于预算值，也不能证明估算是对的。这里没有考虑可能有很多功能被推迟到了下一期交付，而且可能有很多质量问题遗留到了维护阶段，导致以后的成本增加。

项目预算选择（和分配）策略将取决于组织的管理文化和行业背景。

（1）过于乐观的文化（或激进的商业文化）。

在很多情况下，项目预算的决策基准都是“价格取胜”（采用最低可能价格作为报价，以确保项目批准），尽管达成这个预算的可能性基本为零。

- 一个组织可能以低价竞标一个项目（提出一个比合理预算更低的价格），并且预期会赔钱（实际成本会超过预期预算），但却寄期望于后续项目能带来更大的利润；
- 一个组织可能最初以低价竞标一个项目（一开始提出一个比合理预算更低的价格），但希望在重新协商预算时提价。基于多种因素考虑，这是很有可能发生的（比如增加一些最初竞标阶段没有包含的功能，并设定较高的价格）。

（2）非常保守的文化。

在一个政府组织中，有多个决策层级以及很长的审批周期。管理层可能提出一个包含大量应急费用的预算，以避免因某些方面的预算不足而需要重新走一遍审批流程。这种情况可能会发生，比如在处于非竞争环境的组织中（比如商业垄断机构或政府机构）。

（3）介于以上两个极端之间的任何文化。

1.7.2 估算者

软件估算者在软件项目估算过程中的角色（和职责）有以下几种。

（1）建立生产率模型：包括收集历史项目数据、建立自变量和因变量之间的精确模型，并记录生产率模型的质量参数。

当组织缺少历史数据时，估算者必须找到替代方案（例如使用业界数据，或者获取可用的商业化估算工具，并分析其性能）。

（2）执行图 1.9～图 1.12 中所述的估算过程 A～C 阶段，具体包括：

- 收集已经做过估算的项目数据并记录下来；
- 将这些数据输入量化生产率模型并记录预期的估算结果区间；
- 按图 1.12 所描述的过程进行调整；
- 提供这些信息给决策者。

1.7.3 经理（决策者和监督者）

经理的职责是承担风险并管理风险，同时利用可用资源获得尽可能多的信息来降低风险。

经理必须基于多方信息做出决策，为某个具体场景下的项目选择一个“最佳”预算：从生产率模型以及相应的估算过程提供的区间范围内选择一个单点值作为预算。显而易见，预算决策是管理职责，而非工程职责。

当经理强迫其技术人员承诺一个单点估算值时，他就把本应是他的职责转移给了他的员工。这就是在不确定性和存在风险的背景下进行决策的内在风险。经理基于估算者提供的信息，把本应属于经理的决策职责转移给估算者。

当软件人员对一个单点估算值做出承诺时，他在其专家领域和职责范围两方面都越界了。他实际上是在做一个经理该做的事，并开始承担风险。而且他没有得到足够的报酬来履行这些管理职责。

在实践中，商业估算过程比估算过程要宽泛很多，并且不局限于某一个项目或者某一个软件项目视角。前期软件项目估算的输出不能作为决策过程的唯一输入。

从组织级角度必须考虑项目群管理，并且在决策某个具体项目之前，经理们应该考虑：

- 估算成本；
- 估算收益；
- 所有项目的预计风险。

对于单个项目的决策必须在公司利益最大化的策略下进行，同时要追求所有项目的风险最小化。

经理（即决策者）的其他职责如下。

- 实施估算过程（比如本章描述的这个流程），包括：
  - 分配资源来进行数据收集和数据分析，以便建立最初的生产率模型；
  - 分配资源进行生产率模型的整合，以应用在整个估算过程的设计中；
  - 分配资源来培训大家如何使用整个估算过程。
- 在任何一个项目需要进行估算时，分配有技能和经过培训的人员来执行估算过程。

高风险项目的例子	在一个高风险项目中，考虑潜在的可观收益，决策者会想要留出应急资金储备来保证项目的完成，以防止项目超出预算。 这种应急资金可能不会跟项目管理人员交代。

本部分内容将在第 2 章详细讨论。

1.8 定价策略

除了前面章节中描述的估算和预算的实践和概念，被（错误地）称之为“估算”技术的还有很多其他的实践，比如“抢占市场份额”这种所谓的“估算技术”。

定价策略的例子：抢占市场份额	为了抢占市场份额，一个项目可能做出低价竞标的商业决策，给客户提供一份比预期项目成本低很多的“项目预算”。 这样的市场策略背后可能隐藏着另外两个商业策略： ● 事先意识到潜在的损失是为了维持长期的客户关系，为了赢得之后更有利润可图的项目； ● 供应商已经意识到，有其他方式来增加项目成本，以便弥补过低的报价。

这会导致一种情况，忽略经过验证的技术性估算给出的范围区间，转而迎合商业策略，结果项目预算变得不切实际且不可能达成。

客户—供应商：估算中的风险转嫁游戏	几乎所有软件项目的客户都希望找到一个成本固定的项目，并且保证按时、按预算地完成，然而这里同时隐含着也要达成质量目标的期望。 事实上，除了在高度竞争的市场环境中，或是可获得海量且免费的经济指标信息时，这种情况是不常发生的。因为在客户和生产商之间存在信息不对称性。 在软件开发领域，有两个比较通用的定价模式——它们之间有很多不同之处。

（1）时间和材料计费模式。

在这种商业定价模式中，客户所付价格以其项目所花费的软件开发团队的工作量计算。人员单价已经经过协商且覆盖整个开发生命周期。这意味着，尽管供应商可能已提前分配好预算，但是没有在合约中限定供应商在某个预算内、某个时间点内、以某种质量水平交付哪些软件功能。此时供应商必须遵循最佳实践，而不是未知的预算。在这种情况下，是由客户来承担预算相关风险。因此，为超预算做准备完全是客户的责任：客户基本上是在承担全部的商业风险。

（2）固定价格合同。

在这种商业定价模式中，供应商受到法律上的约束，在具体的预算、时间点和质量水平内交付所有功能。在这种模式下，供应商承担所有风险，这些风险也相应地包含在合同中，并在合同中根据双方认可的价格预先支付应急资金以处理相关风险。在这种情况中，客户以成本为代价，理论上已将所有风险转移给了供应商。

在客户和供应商之间的经济利益得到很好的平衡的环境中，可以有效地管理这两种模式中的风险，但事实上这种情况在软件开发领域不常见。

1.9 总结：估算过程、角色和职责

在固定工期条件下，在预算过程的早期，精确地估算出一个固定的工作量预算，从工程化的角度来说是不可行的。

- 软件生产率模型的输入还远远达不到可靠的程度，并且可能在整个项目生命周期中有很大的变化。
- 可用的生产率模型，是由已完成的项目数据建立的，只包含很少的自变量，复杂度不够因而没有很强的说服力。
- 大多数的软件组织在大多数情况下，并没有建立起一个合适的反馈环路来改进估算过程的基础。
- 软件技术本身在不断演变，导致作为生产率模型基础的一些历史数据被淘汰。

尽管存在以上问题，但很多使用者仍然坚持以一个确定的成本来给软件项目定价，并保证按时按预算完成项目；很多项目经理也承诺能够在一个固定成本下完成项目，并保证按时按预算完成。

这显示出，在估算过程以外存在一个商业估算过程，并明显有别于工程化估算过程。

在进行商业决策时，必须考虑商业目标、实践和方针。

因此，基于工程化的估算值和基于商业的估算值常常是存在显著差异的。

从公司的角度考虑，应该分别识别与管理以下两种估算类型：

- 工程化估算；
- 商业估算。

这有助于清晰地区分决策职责，并且随着时间的推移，推动改进整个估算过程。

从工程化的角度考虑，软件估算过程：

- 不应该替代商业估算过程；
- 但应该最大程度地从其专业角度为决策者提供专业的工程化建议，包括项目成本估算、项目不确定性和项目风险。

本章介绍了建立一个可靠且经得起审计的估算过程应该包含的实施部件。

关键经验教训总结	本章讨论了估算过程不应该只是提供一个难以解读的单点值，而是应该提供： ● 估算结果区间信息； ● 对这些信息是否有合理的反馈； ● 估算过程输入信息的限制条件； ● 估算过程输出信息的限制条件； ● 在估算过程中，通过记录输入信息及其使用情况的假设，分析和缓解风险。

再次强调不要对估算过程抱有不切实际的期望，同时也要了解估算过程包含以下两点：

- 工程化角度的技术职责（信息的提供是基于一个严谨的过程）；
- 对某一项目估算结果（来自于生产率模型提供的一系列信息，以及应用于某一具体项目的背景信息）进行决策的管理职责。

1.10 练习

1. 如果你没有关于软件项目交付性能方面的组织级量化数据，是否能期望以后的项目做出合理的估算？请阐述你的答案。

2. 软件估算的两个主要方法是什么？它们的区别是什么？

3．请描述几个在估算过程输入方面的最差实践。

4．请描述几个在估算过程输入方面的最佳实践。

5．请描述在处理估算过程的输出方面有哪些不好的做法。

6．业界调查显示，软件项目在达成其预算和交付期方面的表现如何？

7．“生产率模型”和“估算过程”的区别是什么？

8．如果一个生产率模型的准确度是已知的，那么将其应用于估算中的预期准确度是多少？

9．如何设计一个生产率模型？

10．如何评价一个生产率模型的性能？

11．量化生产率模型的好处有哪些？

12．在估算中，如何处理那些没有包含在生产率模型中的成本因子？

13．在估算中，如何处理那些没有包含在生产率模型中的风险因子？

14．在使用生产率模型进行估算时，组织级如何将潜在的范围变化考虑在内？

15．请阐述提供项目估算与决定项目预算的主要区别，及其在估算中的角色和职责。

16．估算的主要特征是什么？考虑到这些特征，当组织希望你提供一个准确的估算时，你能做什么？在这种情况下，为你的领导提供一个更好的“准确度”的定义。

17．当经理从估算区间中选择了一个值作为项目预算时，他应该同时做出哪些其他决策？

18．在估算过程中，组织级如何将实际范围变化考虑在内？

19．为什么组织级不但需要有一般估算模型，还需要有二次估算模型？

1.11 本章作业

1．请写出你所在组织的估算流程。

2．将你们的项目性能与业界调查结果相比较，比如 Standish Group Chaos 报告中描述的项目。

3．将你所在组织的估算流程与图 1.2、图 1.15 相比较，指出哪些是你所在组织的估算流程需要优先改进的地方。

4．为影响组织级软件估算流程的前三项改进点制订行动计划。

5．找到一个文献记载的估算模型，并将其与图 1.15 的估算流程相比较，评价其相似点和不同点，并指出所分析的生产率模型的强项和弱项。

6．找到一个供应商使用的估算模型，并将其与图 1.15 中的估算流程相比较，评价其相似点和不同点，并指出所分析的生产率模型的强项和弱项。

7．找到一个网上免费的估算模型，并将其与图 1.15 中的估算流程相比较，评价其相似点和不同点，并指出所分析的生产率模型的强项和弱项。

第2章

理解软件过程性能所需的工程和经济学概念

本章主要内容

- 模拟生产过程的开发过程。
- 简单的量化模型。
- 软件模型涉及的经济学概念，如固定成本和变动成本、规模经济和非规模经济。

2.1 生产（开发）过程概述

对于一个开发过程来说，如果其现在和过去的性能以及性能偏差情况都是未知的，怎么能估算出它未来的性能呢？

本章将从经济学的角度深入探讨以下问题：

- 怎样理解一个开发过程的性能？
- 怎样对开发过程建立量化模型？

一个开发过程可以按照生产过程的形式建模。这一过程可以粗略地分解为以下主要步骤（见图 2.1）：

- 加工订单（在软件中即为需求集）；
- 输入；

- 过程活动；
- 输出（交付的产品）。

（1）在工业中一个加工订单的例子可以是一个汽车厂商生产 100 辆汽车——这些汽车是完全相同的，或者有细微的差别。如果以建造房屋举例，加工订单可能包括建造一所房子所需的精确建筑细节和工程计划，那么，对软件来说，加工订单则对应待开发软件产品的一组需求描述。

（2）对一个开发过程来说，其输入主要是对软件的人力资源投入：那些参与开发项目的团队成员，他们执行整个过程中所有的子过程任务。这些输入一般是用工时（或人天、人周、人月）来度量。

（3）软件开发的一系列活动，一般是根据项目经理选择的开发方法（从瀑布模型到敏捷方法）进行安排。这些活动由开发人员完成，从而将需求转化为软件产品。在这一背景下，对于生产过程的每个活动都有一定的控制，使其满足整个生产过程乃至每一个活动的预期。这包括一组描述预期产品及其特性的需求，以及对产品或者过程的约束，即项目优先级要求（成本、质量和交付日期）。

（4）软件开发过程的输出是可运行的软件，其功能应该满足所描述的需求（软件产品）。

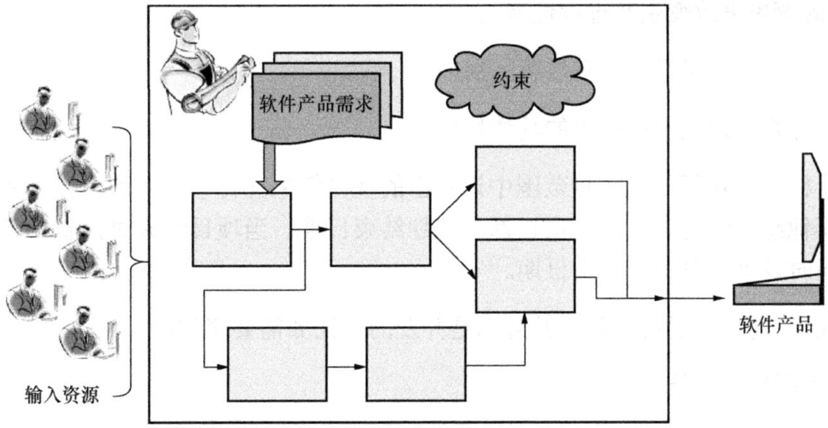

图 2.1　一个生产过程

2.2　生产过程的工程（和管理）视图

从工程角度来说，生产过程更为复杂，并且也需要有“监督和控制”流程，如图 2.2 所示。

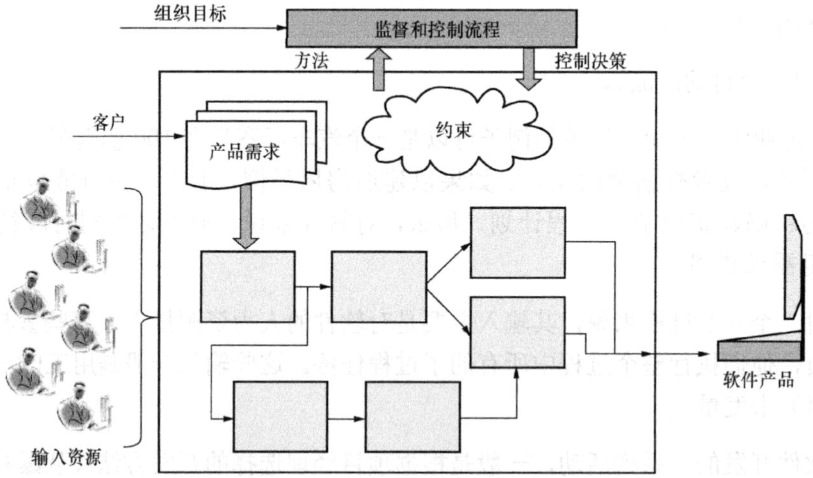

图 2.2 生产过程——工程和管理视图

此监督和控制流程必须包含以下内容：

- 对当前和历史生产过程性能相关度量数据的收集。
- 对照项目目标和组织级目标进行过程性能分析。
- 决策反馈机制，即运用多种估算和决策模型进行不断地调整（主要是通过对流程活动的变更来改变生产过程性能）。

项目目标和组织级目标是有显著区别的。

项目目标是限定在本项目上的具体目标。

这些目标可能包括根据项目范围中识别出的优先级来交付项目，通常并不考虑除项目周期外的其他组织级约束。每个项目都有计划结束日期。当项目结束时，整个开发团队就会解散，同时每个项目也有结束日期。

一般来说有多个项目目标[①]，并且都是并发的。比如需要交付：

- 一系列软件功能；
- 在一个特定的时间范围内交付；
- 在一个特定的（有限的）预算内交付；

① 在敏捷方法中，目标是指冲刺目标。

- 以一定的质量等级（不一定明确定义）交付。

在资源有限的经济环境中，常常假设软件项目目标能以非常不切实际的最优表现达成（基本上是以非常乐观的视角看待过程性能能力）。这些目标也不可能立刻全部达成。

那么就必须明确定义优先级：

- 哪些目标是高于一切且必须被满足的；
- 相反地，当面临妥协时，哪些目标是可以被忽略的。

组织级目标不受项目目标的限制。组织级目标通常是长远考虑，且范围更广。

- 组织级目标一般关注的是超越项目本身的问题，比如开发的软件经过多年维护后，交付质量的影响。
- 同样地，组织级目标对项目的要求是需要项目遵守组织级标准。尽管对当前项目来说这可能不是最理想的标准，但是当所有人都严格遵守时，这些标准会有所助益，比如：
  - 项目间的人员流动；
  - 应用同一标准进行开发的项目群的维护。

同样地，在评价组织级目标的达成情况时，进行项目性能的对比很重要，不论项目是否使用相似的技术和开发环境：可以在组织级使用这类数据进行高效或低效的因子分析，同时进行原因调查、提出纠正措施并制订改进计划。改进计划的实施周期可能长于大部分项目的生命周期。

最后，组织级收集到的每个项目的信息可供外部标杆对比使用并用于建立和改进生产率模型。

项目优先级：一种平衡行为	● 当最高优先级是交付所有功能时，那么，在实践中项目可能需要推迟交付日期并增加额外预算。 ● 当最高优先级是交付日期时（必须满足交付日期），项目可能需要减少交付的功能数量，以及对所需达成的质量等级进行妥协。

2.3 简单的量化过程模型

2.3.1 生产率

在经济学及工程领域中，生产率和单位成本是两个不同的但是相关的概念。

生产率一般被定义为一个过程的输出与其输入的比率。

$$\text{生产率} = \frac{\text{输出}}{\text{输入}}$$

经济学研究中，输出的度量数据应该跟生产出的产品相关，而与交付的产品或服务所使用的技术无关。

- 对于一个汽车制造工厂：
  - 研究生产率的输出可能会度量汽车台数或每种类型的汽车台数；
  - 而该汽车厂使用钢铁的数量、玻璃纤维的数量等不会被用作生产率研究！
- 对于软件组织（见图 2.3）：

  从用户的角度考虑，度量交付给用户的产品或服务才是生产率研究所需要的。
  - 在软件中，如果开发过程的输出度量元是交付功能的数量（或任何此类度量元，建议参考软件度量国际标准），生产率则表述为交付功能的数量除以工作的小时数。
  - 注意：这种类型的度量对生产率度量和分析是有意义的，因为它们是根据软件的需求（软件所需的功能）来度量已经交付的功能。

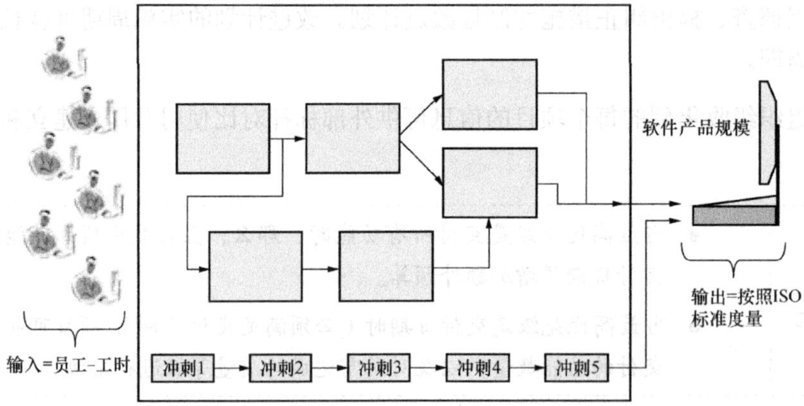

图 2.3　生产率

源代码行数（SLOC）并不是生产率研究的最佳度量元，因为其高度依赖于编程语言以及很多其他因素，比如程序员的风格和标准。

SLOC 在项目开发使用单一编程语言的组织中是有帮助的，但在混合使用多种编程语言的软件项目中帮助较少。

【例 2.1】 软件开发组织 A，基于网页开发的项目平均生产率是 30 功能点/人月，而软件组织 B 同类项目的生产率是 33 功能点/人月。

两个组织的输入和输出变量使用同样的度量单位，而它们在同一应用领域的生产率有 10%的差别。这一差别说明组织 B 比组织 A 的生产能力高 10%，但这并不是差异的原因。引起这种差异的原因通常为生产率公式外的其他因子。

生产率通过两个显式变量（输入和输出）将过程性能量化表达，但对于过程本身或所开发的产品，该公式不包括任何文字说明信息或量化说明信息。也就是说，流程只是隐含在这个比率公式中。

生产率之间的对比是有意义的，因为它不依赖于产品开发所使用的技术和其他资源。

2.3.2 单位工作量（或单位成本）比率

单位工作量一般定义为生产率的倒数，即输入除以输出。

$$单位工作量=\frac{输入}{输出}$$

【例 2.2】 接例 2.1，如果 1 人月有 210 工时，对于基于网页开发的软件组织 A 来说，每月 30 个功能点对应的单位工作量是 210h/30 功能点，也就是 7h/功能点的单位工作量。对于另一个从事银行资金转账功能的软件开发组织来说，每月 10 个功能点，210 工时的单位工作量是 210h/10 功能点，也就是 21h/功能点的单位工作量。

单位工作量比率经常用于文献研究和基准研究中。在国际软件基准标准组织（ISBSG）的定义中，单位工作量比率也被称为“项目交付率”（PDR），参见第 8 章。

软件开发中的生产率和效率	亨利和查尔斯在 60h 内，各自编写了 3 个同样功能的函数，其规模为 10 个功能点。亨利写了 600SLOC（源代码行数），而查尔斯写了 900SLOC，他们使用的是同一种编程语言。

生产率：亨利和查尔斯的生产率都是在 60 工时内完成 10 功能点（或每 6h1 个功能点）。因此，他们的单位工作量比率（生产率的倒数）是 6h/功能点。

效率：对于同一组功能亨利用了 600SLOC，他的效率比查尔斯（用了 900SLOC）高。在使用同一种编程语言把需求转化为 SLOC 的情况下：亨利的效率是 60SLOC/功能点，而查尔斯的效率是 90SLOC/功能点。

因此，在将需求转化为 SLOC 方面，尽管他们的生产率相同并且有相同的单位工作量比率，但亨利比查尔斯的效率更高。

这个例子只是展示了在项目生命周期内的短期效率，而不是跨越整个维护周期的长期效率：如果某个功能用了过度简化的代码行实现，其维护工作可能极其困难，使得长期效率降低。

重要发现如下：

（1）SLOC 可以定量地表示使用某项技术是怎么做的，而不能表示使用某项技术产出了什么。因此，SLOC 不足以作为生产率计算和研究的度量元。但是，在使用同一技术的前提下，SLOC 可以作为效率研究的度量元；若使用不同的技术，SLOC 则可以作为效率对比的度量元。

（2）交付的软件功能的度量元可以量化给用户交付了什么。并且，这些度量元与软件开发过程的输出相对应。因此可以形成一个完善的概念，用于生产率的度量和分析。软件功能度量的国际标准有助于我们在不同的开发背景和环境间进行生产率的比较和分析。

效率（Efficiency）和性能（Performance）	效率与性能是不一样的，后者是一个更宽泛的概念。效率指的是用更少的资源，或更低的成本生产某样产品。 举例来说，一个汽车生产商可能比其竞争对手生产一辆汽车的效率更高，但是也许在市场销售情况不乐观；或是该生产商的汽车对购买者来说不那么有吸引力，人们更喜欢其竞争对手的汽车，即使对方的价格更高。同样，一个汽车生产商可能效率不高，但在汽车销售方面成绩却有成效，因此尽管其单位成本高，但可能获得更多的利润。

在软件领域，判断两个程序员的表现或是两个软件组织的性能时，代码可读性、可维护性、易测试、交付产品缺陷密度、内存使用率等都是需要考虑的重要因素。

2.3.3 均值

本节将介绍一个用一组历史项目的平均生产率建立的生产率模型。

求均值是大家熟知的一个数学方法，有其相应的特性（以及局限性）。平均生产率的建立过程如下：

- 计算每个项目自己的生产率；

- 所有项目的生产率相加；
- 除以样本项目总数。

注意：这个平均值描述的是所有样本，而不是样本中的某个项目。

除此之外，在求得均值的同时，可以获得以下有关的特征值：

- 最小值；
- 最大值；
- 四分之一位数，四分之三位数；
- 1 个标准差；
- 2 个标准差；
- 偏度；
- 峰度；
- 其他统计量。

用平均生产率建立的生产率模型见图 2.4，其平均值、四分位数、最小值、最大值在图中构成一个箱线图：样本的均值即是图中灰色箱子内的那条水平线[①]；最大值和最小值分别在四分位数以外。

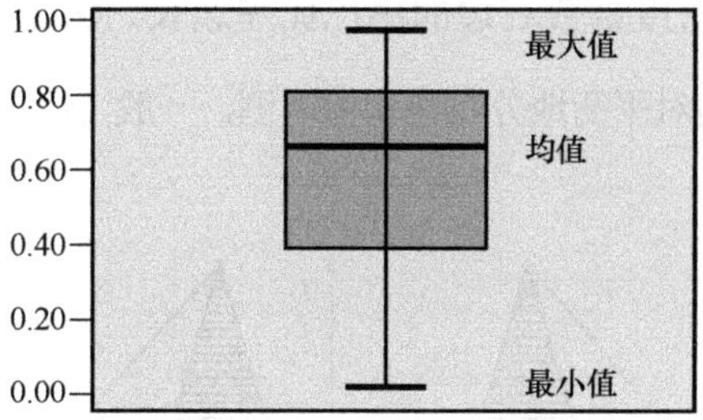

图 2.4 箱线图：平均值和四分位数

标准差（σ，读作西格玛）代表与均值的偏差有多大，或者叫作离散程度：标准差很低意味着数据点与均值距离很近，而标准差高则意味着数据点分布在一个很大的范围内。图 2.5 展示了正态分布（或高斯分布）的标准差对应的位置。

---

① 此处是箱线图的另一种画法，即采用平均数作为箱子的中间线，而非中位数，和通常的画法有所不同。——译者注

$1\sigma = 68.27\%$意味着 68.27%的数据点在均值上下 1σ 的区间内。

$2\sigma = 95.45\%$意味着 95.45%[①]的数据点在均值上下 2σ 的区间内。

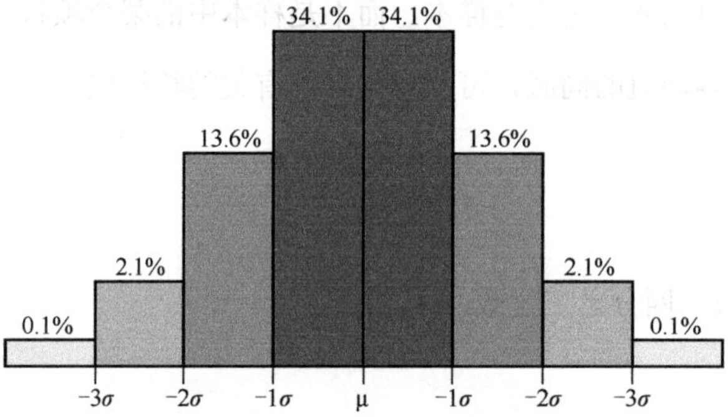

图 2.5 正态分布及其标准差

软件工程行业中，一组数据的分布不一定是正态的，甚至经常相差很远。相对于正态分布的偏离程度一般定义为偏度和峰度。

偏度度量了随机变量概率分布的不对称性，是一个实数。它可能是正数，也可能是负数，如图 2.6 所示。

- 偏度为负代表概率密度函数左边的尾巴比右边长，大部分值（包括中位数）位于均值右侧。
- 偏度为正代表概率密度函数右边的尾巴比左边长，大部分值位于均值左侧。
- 偏度为零代表数值相对平衡地分布在均值两侧，一般（但不一定）意味着是一个对称分布。

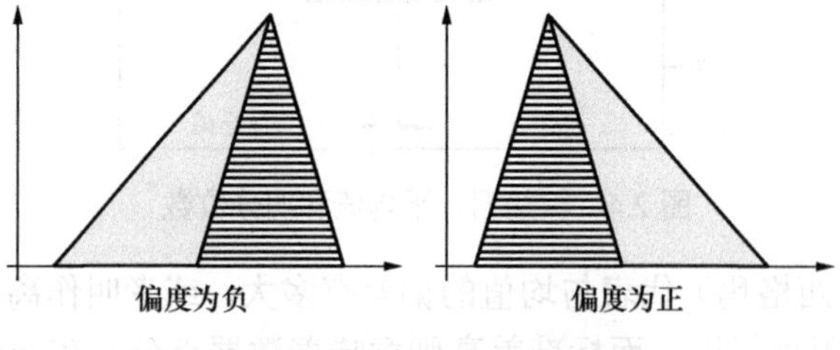

图 2.6 相对于正态分布的偏度

峰度是对分布“尖度”的描述，如图 2.7 所示：与偏度类似，峰度也是对概率分布形

① 此处和原著作者 Alain 做了讨论，修订了原文中的数字。——译者注

状的描述。在图 2.7 中，蓝色和红色两个分布的均值相同，但是 B 曲线有一个很高的尖顶，即较高的峰度，并且其位于 1σ 区间内的数据点都离均值很近。而 A 曲线与 B 曲线均值相同但尖顶比较低，即峰度较低，而其位于 1σ 区间内的数据点都离均值较远。

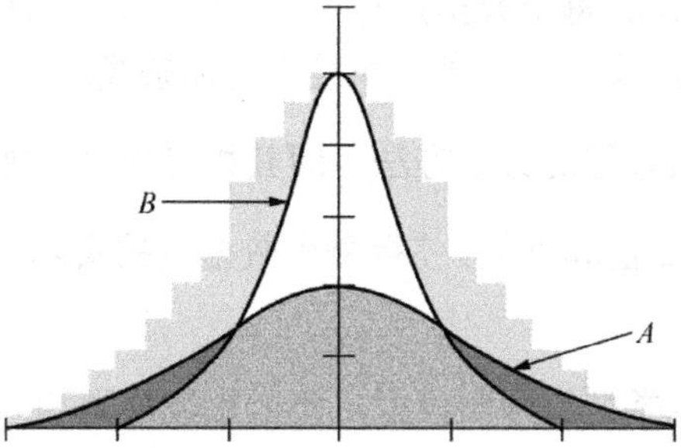

图 2.7 正态分布的峰度

综上所述，用均值建立的生产率模型较为适用，但是有限制条件：数据分布是正态的，并且在偏度受限、峰度较高的情况下，如图 2.7 所示。在其他情况下，当用作估算时，因为估算误差的范围可能会很大，因此均值可能会误导我们。

2.3.4 线性和非线性模型

图 2.8 所示的是一个非线性模型。如何从一组项目数据中得到一个线性模型呢？我们应该使用什么统计技术呢？

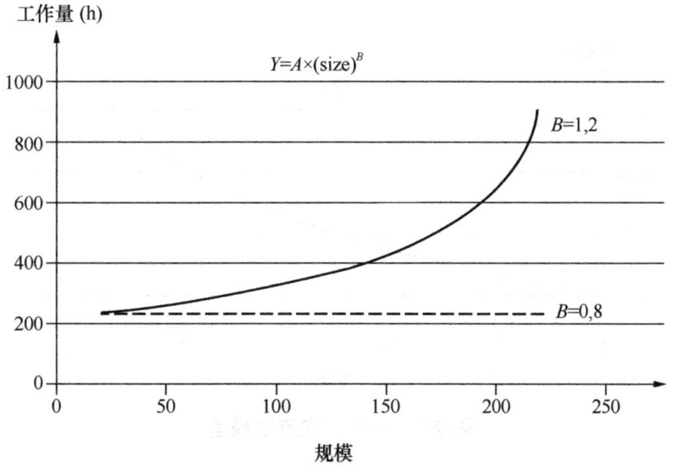

图 2.8 指数大于 1（实线）或者指数小于 1（虚线）的幂函数模型

有一种技术叫作统计线性回归（可参考任意一本有关于回归技术内容的统计学书籍）。在统计学软件中，输入一组数据点，通过多次循环能够计算出一个最能描述这组数据的回归方程（当设置为线性回归时，输出的是一条直线）。

- 方程生成的过程是计算每个数据点与这条线的距离，将所有数据点的距离相加，并经过多次循环计算，找到使距离之和最小的那条线。

最小二乘法是得到回归方程的典型方法，因其相对简单且能生成较为适用的方程。

- 这个方法就是找到 a 值和 b 值，使得每个数据点的实际值与方程估算值之间的距离平方和最小。

在文献中还有很多其他类型的回归模型，比如指数模型和二次方程模型。

当然，一个生产率模型不一定必须是线性的：由于生产过程不同，其模型可能表现为任何形状。目前的统计技术可以建立各种形状的生产率模型。

举例来说，一个幂函数模型，公式如下：

$$Y\text{（工作量）} = A \times \text{规模}^{B}$$

图 2.8 是两个指数模型：一个模型的指数大于 1，另一个模型的指数小于 1。

注意：当指数等于 1 时，它表示为一条“直线”的模型，即线性模型。

当然，也有其他更复杂形状的模型，如二次方程模型，如图 2.9 所示。

$$Y = A + BX + CX^2$$

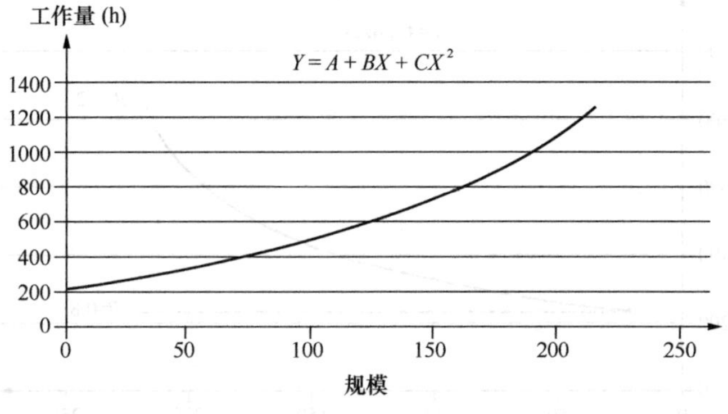

图 2.9 一个二次方程模型

甚至可能有随着规模的增加、总成本减少的模型。在这样的案例里，模型的斜率是负的，如图 2.10 所示。

这在实践中是很反常的，一旦发现这样的模型，实践者应该检验用于建模的数据的质量。

模型中带有负数 = 警告	不管模型中的负数是常量还是斜率，都相当于给实践者和研究者亮了红灯。在这种情况下，应该仔细检查数据集，以验证量化数据的质量，同时注意是否存在明显的离群点。 实践者应注意不要使用模型的负数区域——因为这一区域的估算值没有意义。

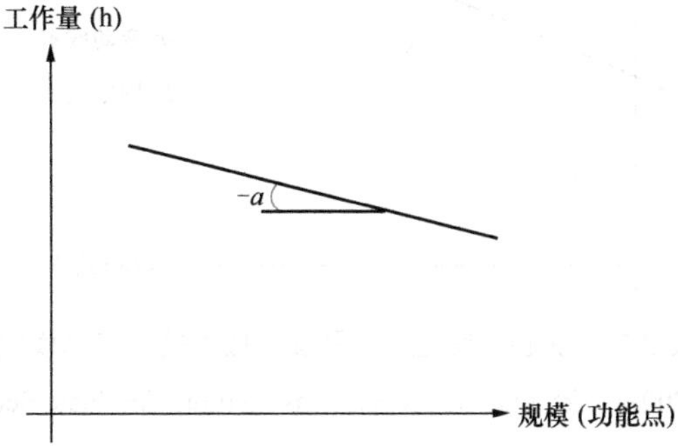

图 2.10 一个斜率为负数的生产率模型

同样，实践者也不应该使用模型中超出建模数据范围的区域，因为这些区域没有数据支持。

2.4 量化模型和经济学概念

2.4.1 固定成本和变动成本

图 2.11 所示的一个简单模型，一般代表历史项目的性能：

- x 轴是每个已完成软件项目的功能规模；
- y 轴是每个项目交付所需的工时。

可以看到，图 2.11 上的数据点代表已完成项目所交付的功能规模对应花费的时间（小时）[①]。

① 或工时单位，如人天、人月、人年。

关于生产过程性能的量化模型经常是基于已完成项目的数据建立的，即此时：

- 一个项目的所有信息都是已知的；
- 不论是输入还是输出都不存在不确定因素，所有软件功能都已交付；
- 项目花费的所有工时数都被精确记录在报工系统中。

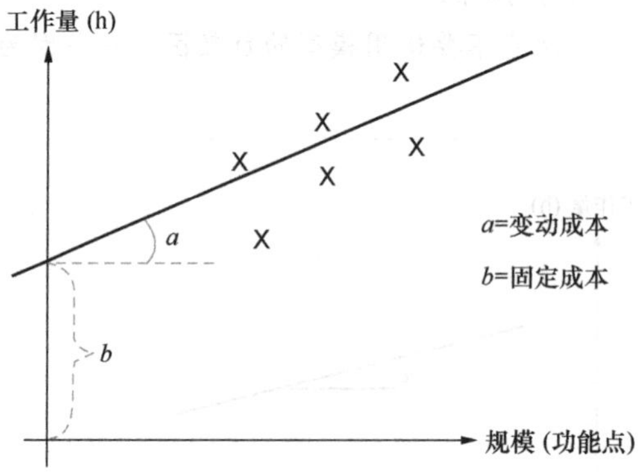

图 2.11 为包含固定成本和变动成本的生产率模型

（Abran 和 Gallego[2009]，经 Knowledge Systems Institute Graduate School 许可后引用）

图 2.11 中的斜线是表示生产过程的量化模型。在生产过程中，通常有两种主要的成本类型使得输出分成两部分。

- 变动成本：所花费资源的一部分（输入），变动成本直接依赖于生产多少输出物。

图 2.11 中，变动成本对应线性模型的斜率，即斜率=a（表示为 h/功能点）。

- 固定成本：所花费资源的一部分（输入），固定成本不依赖于生产多少输出物。

图 2.11 中，固定成本对应为 b（多少小时），代表当横轴的规模=0 时，量化模型与纵轴的交叉点。

术语：变动成本和固定成本	在模型中，固定成本代表成本中不随自变量而增加的部分，本书也采纳这一通用术语。
软件项目中固定成本的例子	独立于项目规模，软件组织的运营制度中要求的一些基本的内部交付物（项目管理计划、变更管理流程、质量控制、审计等）。

在一个典型的生产过程中，这些交付物大部分会被认为是项目运作的固定成本。同样对于一个软件项目，项目管理计划不依赖于所交付软件的功能规模变化。

线性模型是对工作量和规模之间关系的刻画，其公式如下：

$$Y（工作量，以工时为单位）= f(x) = a \times 规模 + b$$

其中，

- 规模=功能点数（FP）；
- a = 变动成本 = 每功能点的工时数（工时/功能点）；
- b = 固定成本，以工时为单位。

根据以上参数的单位，这个方程基于图中历史项目性能给出一条斜线，代表此生产过程的性能。

$$Y（小时）=（小时/功能点）\times 功能点 + 小时 = 小时$$

- 固定成本：当 x（规模）=0 时的 b 值。
  例如，如果 y 轴的 b = 100 工时，那么这 100 工时代表生产过程的固定成本（在这个组织中，根据运营制度，需要 100 工时的项目工作量来管理这个项目，且这个值不依赖于项目将要开发的功能规模大小）。
- 变动成本：直线的斜率代表变动成本，也就是每生产一个单位的输入（自变量 x）所需的因变量 y（工作量）的数量。

图 2.12 和图 2.13 展示了另外两种生产过程。

- 图 2.12 是不含有固定成本的生产过程。在这种情况下，生产线从零开始，即当规模 $x = 0$ 时，工作量 $y = 0$。
- 图 2.13 显示的是生产过程，其 y 轴的初始值（例如 $x = 0$）是负数，也就是说工作量在初始的时候是负数（$-b$）。当然，现实中并不存在负的工作量。

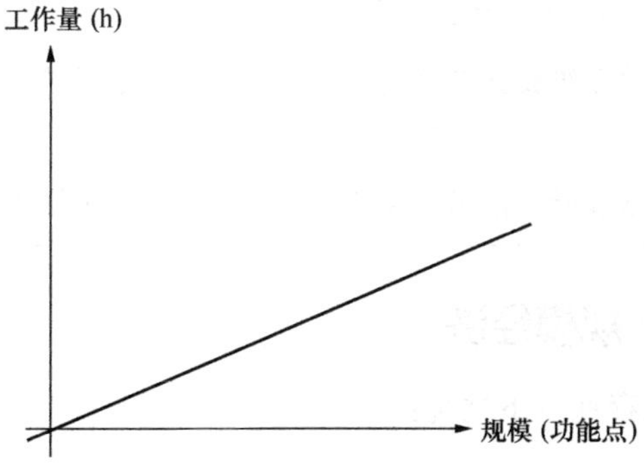

图 2.12 无固定成本的生产率模型

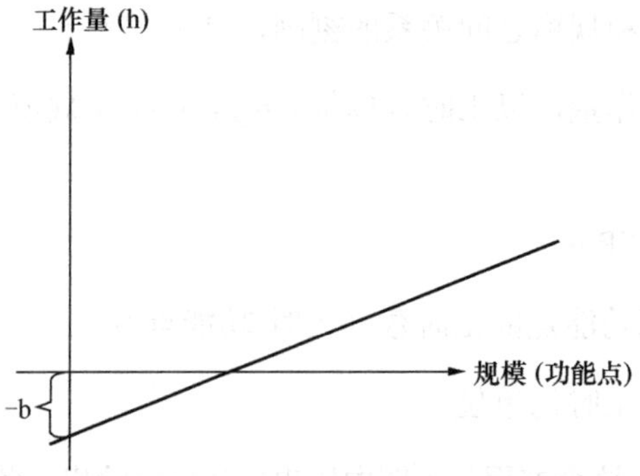

图 2.13 固定成本（理论上）为负的生产率模型

这种情况可以用统计数学模型表达出来，但是实践者如果用业界数据建出了这种初始常量为负的模型，使用时要尤其小心！

- 这并不意味着模型不可用，而是不一定适用所有规模范围，也不能用于小型软件项目。

带有负数常量的线性回归模型	对于规模小于线性模型所覆盖的横轴范围的项目，这种模型没有意义。 对于规模大于模型起始点的项目，模型是有意义的（算出的工作量是正的）。 当然，对规模接近模型正负交叉点的项目的解读要格外小心。 实践相关建议如下： （1）识别出模型所覆盖的横轴规模范围。 （2）将数据分成两组。 B1——项目规模从0到与横轴交叉点的规模阈值。 B2——规模大于这个阈值的项目。 （3）对每组数据单独建模（B1，规模小于阈值的项目；B2，规模大于阈值的项目）。 （4）估算时，依据所要估算的项目规模，选择模型B1或B2。

2.4.2 规模经济和非规模经济

在生产过程中，可能存在以下情况：

- 每增加一个单位的输出，需要增加一个单位的输入；

- 每增加一个单位的输出，需要增加小于一个单位的输入；
- 每增加一个单位的输出，需要增加大于一个单位的输入。

1. 规模经济

当增加单位输出所需的单位输入增加较小时，这一生产过程被称为是规模经济型，如图 2.14 中的直线 *A* 与直线 *C* 比较。

输出增加相同的量时，直线 *A* 代表的生产过程增加的工作量（*y* 轴）要明显少于直线 *B* 或 *C* 代表的生产过程增加的工作量。

2. 非规模经济

相反地，当增加单位输出所需的单位输入增加较大时，此生产过程被称为非规模经济型：每增加一个单位的产出，生产过程的效率就更低一些，如图 2.14 所示的直线 *C*。

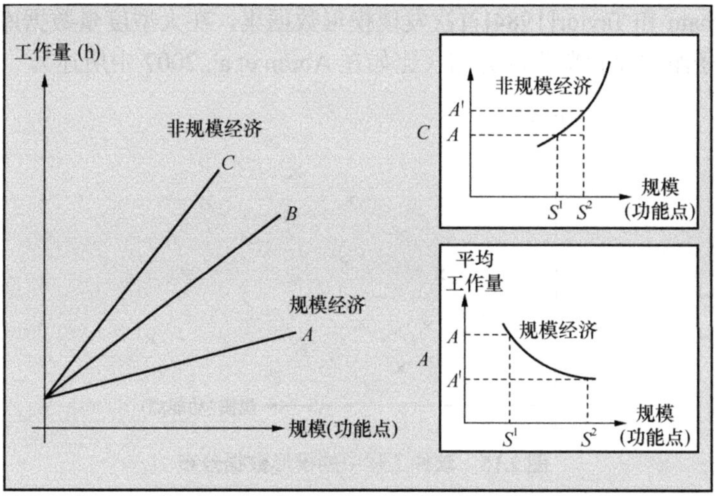

图 2.14 规模经济（直线 *A*）和非规模经济（直线 *C*）

覆盖整个规模范围，输出呈相似增长的生产过程如图 2.14 的直线 *B* 所示。

关于规模经济和非规模经济，也可参见 Abran 和 Gallego（2009）。

3. 负斜率

在这种图形中，*x* 轴是规模、*y* 轴是工作量（或工期），负斜率表明，大规模的项目与小项目相比，过程总投入反而减少了（这里是工作量或工期）。当然，这种情况在经济学中没有实际场景能够解释清楚。如果发现此情况，建议检查是否是数据收集的问题。

2.5 软件工程数据集及其分布

本节将讨论在各种软件工程文献中以及各个领域公开数据库中记载的数据分布的不同类型。

2.5.1 楔形数据集

图 2.15 所示的项目分布经常出现在软件工程文献中。我们可以看到，随着 x 轴规模的增加，y 轴的数据点相应地呈扩散性增加。

- 对于类似规模的项目，当项目规模增加时，y 轴的工作量偏差的范围将增大。

这一图形经常被称为楔形数据集。

- Kitchenham 和 Taylor[1984]首次发现楔形数据集，在大型度量数据库中，它是众多数据集子组中比较典型的分布（比如在 Abran et al. 2007 中所述）。

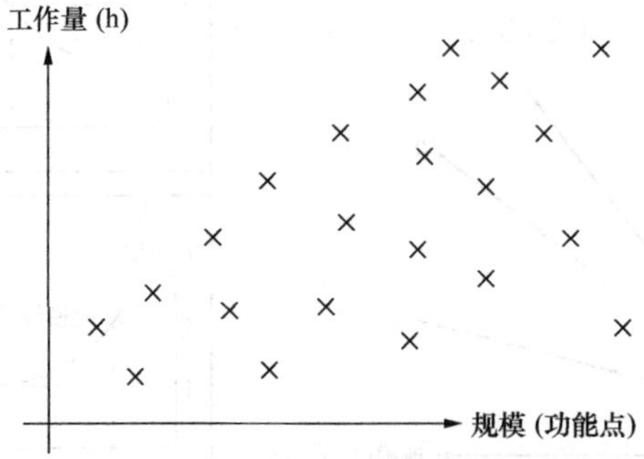

图 2.15 软件工程中的楔形数据分布

这种情况（规模增加时，工作量呈扩散形增加）说明在这些数据集中，当所有项目汇总在一个库里，单靠规模不能充分说明与工作量的关系，所以需要其他自变量的加入。

这种在软件生产率方面扩大的分散形态一般是由以下单个原因或多种混合原因引起的。

- 项目数据来自不同生产过程的多个组织，相应地其生产率行为也大不相同。
- 项目数据代表的软件项目开发活动有着很大差异，包括软件产品领域、非功能需求以及其他特征。
- 开发过程不受控，生产率性能基本不可预测（例如，处于 CMMI®模型 1 级混沌型开发的项目，其生产率会有很大偏差)。

- 组织内的数据收集是事后进行的，缺乏一个完备的度量计划。度量元是临时本地定义的，很容易在数据整合过程中被歪曲，可能导致数据发生很大偏差。

……

2.5.2 同质化数据集

另一种项目分布类型如图 2.16 所示。图中工作量的分散程度与规模的增加是高度一致的。这通常称为同质化数据集，在这种情况下，软件规模的增加能够充分地解释工作量方面的增加。这种软件项目数据分布在文献中也有过记载，例如，Abran 和 Robillard(1996)、Abran et al.（2007)、Stern（2009)、Lind 和 Heldal（2008，2010)。在这样的分布中，80%～90%的工作量增加的情况都能用功能规模的增加解释，剩余的 10%～20%则由其他因素引起。

在这些数据集中，数据点间距更小，并且规模的增加使得工作量保持一致的增加，与楔形数据集相比，其工作量的增加保持在相同的范围内，却没有呈现出典型的楔形数据集模式（当规模增加时)。

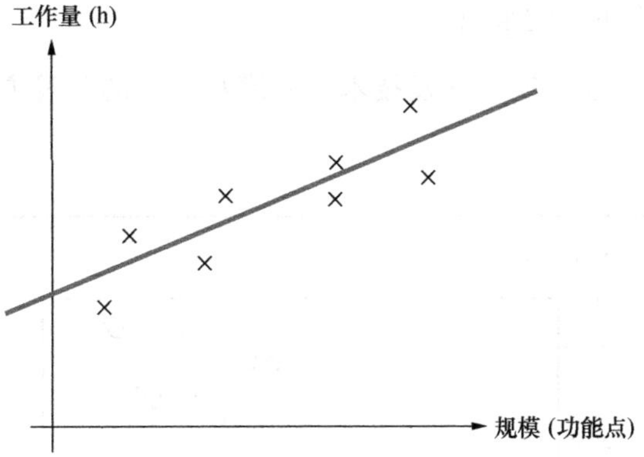

图 2.16 软件工程中同质化数据集的规模-工作量模型

- 对于待研究的自变量和因变量，这样的数据集为同质化数据集。

这种在项目生产率方面的低离散形态一般是由以下单个原因或多种混合原因引起的。

- 项目数据来自于单一的组织，其开发制度落实得较好。
- 项目数据显示软件产品开发具有非常相似的特征，包括软件产品领域、非功能需求以及其他特征。

- 开发过程是受控的，生产率性能可预测（例如，处于 CMMI®模型 4 或 5 级的项目开发，其过程偏差很小）。
- 组织内的数据收集是基于一个合理的、流程化的度量计划，所有项目成员都采用标准的度量元定义，使得数据整合水平很高。

注意在图 2.17 和图 2.18 中展示的两个案例有以下两个共同特征：

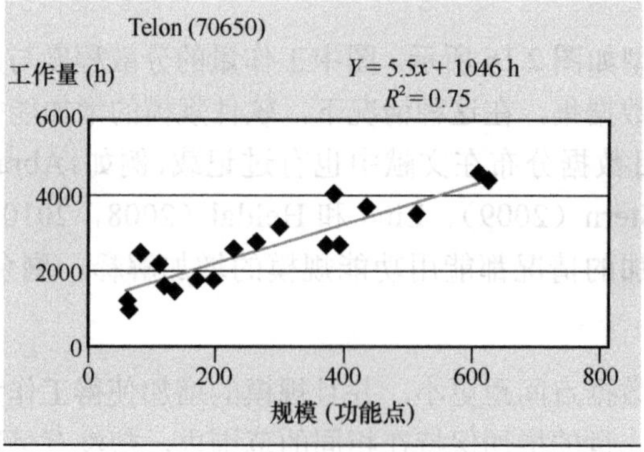

图 2.17 Telon 分布（Abran et al. 2007，经 John Wiley & Sons, Inc.允许后引用）

- 它们都代表某个单一的组织；
- 两个组织都有专业的软件开发技术，并遵从一致的开发方式和基本一致的开发环境。

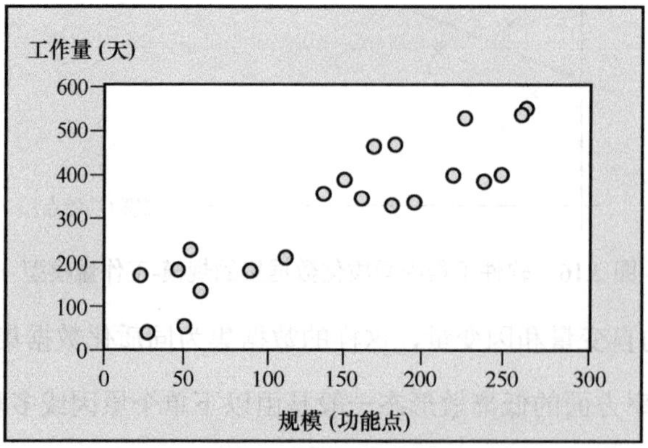

图 2.18 21 个项目数据构成的同质化数据集（Abran 和 Robillard 1996，经 IEEE publication 允许后引用）

2.6 生产率模型：显式变量和隐式变量

以二维方式表达的线性生产率模型（可能是一条直线或者指数曲线），不管是以图 2.8～图 2.16 的图形形式，还是一元方程形式，都是只对两个显式变量建模：

- 输出（规模），作为自变量；
- 输入（工作量），作为因变量。

在使用和解读这类模型时，经常被忽略的是还有一个潜在的、非常重要的、隐含的维度，就是过程本身。

过程由多个变量组成/过程被多个变量影响，每个变量都可能对开发过程的生产率造成影响。

过程中隐式变量的例子	• 团队经验； • 项目管理经验； • 软件开发环境平台； • 设计方法； • 质量控制手段； ……

- 对于只有一个自变量的模型（横轴是功能规模），没有考虑以上这些隐式变量。
- 但是，在实践中，以上每一个变量都会对开发的每个功能的单位成本造成影响，并且有理由相信每个变量都对因变量（工作量）造成一定范围的影响。
- 将这些变量以及它们各自的影响汇总起来，便可以解释生产率模型中不能被功能规模（自变量）解释的那部分偏差。

然而，如果在一组项目样本中，大部分变量都是相似的，那么它们对单位成本的影响就很小：在这样的数据集中，可以合理地认为功能规模将是影响规模的主要变量。

下面通过两个例子进一步解释该情况，如图 2.17 和图 2.18 所示。

【例 2.3】 图 2.17 所使用的相对同质的数据集，这些数据来自同一个组织的多个项目，这些项目是在 20 世纪 90 年代末期使用 TELON 平台开发的应用。所有项目都遵循一套完善的开发和项目管理流程，由同一个团队完成，且全部属于财务系统领域。在这组数据中，只用规模增长便可以解释 75%的工作量增长。

【例2.4】 图2.18中的项目来自同一个组织：

- 该组织有一套流程性模板定义其开发流程和项目管理流程，包括在项目的多个阶段对需求、设计文档和程序（代码）进行审查、完整的测试规程；
- 全面覆盖项目开发及维护活动的度量规程。

这个组织在那时候已经满足了CMM模型3级的所有关键过程域（除了一个），并且已经充分具备5级的实践证据。

因此，在这个组织中，开发流程被认为是可控的，且有能力进行充分的估算，以满足在功能数量、交付期和质量水平方面的项目承诺。

此外，这些项目大多是由同一个项目经理进行管理，并且由同一组成员完成。员工流动性不高，并且员工是在同一应用领域（银行软件）下，使用基本一致的软件开发环境和开发平台。

总之，当数据来自多个组织的项目（比如ISBSG的数据库）时，呈现显著差异的大部分变量通常会在当前开发环境中被固定下来（成为常量）。这种情况下，规模可以解释因变量（也就是项目工时）中的大部分波动就不足为奇了。

当这么多成本驱动因子或自变量，在所有项目中没有较明显的区别时，便可以认为它们是常量，对项目单位成本没有显著影响。

- 但是，即使在这种环境中，这并不意味着规模一定是影响工作量的唯一自变量。
- 其他变量引起的微弱波动依然会产生影响，便可以解释规模变量无法解释的那部分偏差。

2.7 是一个通用的万能多维度模型还是多个较简单的模型

软件估算的圣杯	一个通用的模型，它可以在任何时间点、任何情况下，十分精确地预测任何项目。

在业界及文献中建立软件工程估算模型的经典方法，就是建立一个多变量的估算模型，其中包含尽量多的成本驱动因子（自变量）（一个“万能”模型）。

2.7.1 根据已有数据建立的模型

估算模型的建立者通常希望从已完成的项目数据集或文献中挖掘尽可能多的变量：

- 这些成本驱动因子是作者自己定义的；
- 这些成本驱动因子的度量规则是作者自己定义的，对每个因子影响程度的分配也是由作者自己定义的。

这种方法，当然会导致生成一个具有多个变量“n”的复杂的模型，然而该模型又无法在 n 维空间进行表示。在第 10 章中，我们将讨论另一种建立多变量估算模型的方法。

2.7.2 基于成本驱动因子的观点而建立的模型

业界还有一种常见的建模方法是基于实践者对各种变量的理解以及每个变量对开发过程的影响预估来建立模型。这种基于观点建模的方法，称为“专家经验法”，通常用于组织没有收集数据的情况。

我们真正关心的问题是：这些模型有多好用？详见第 4～7 章，如何分析估算模型的质量。

“感觉良好”的估算模型	包含多个经验判断成本因子的模型通常被刻画为“感觉良好”的模型。 管理者认为很多重要的成本因子已经被考虑在内了，因此他们相信已经降低了估算的风险。 但是，这些模型的质量是通过经验来支持的，这会导致很多不确定性。

2.7.3 规模经济与非规模经济共生下的模型

在本书中，我们将采用一种折中的（也有可能是更实际的）方法。

- 一个模型不可能适用于所有情况。

目前业界和实践中的研究无法证明一个通用的模型是实际可行的。

- 在行业中，有多种多样的开发过程及成本驱动因子的组合，并且根据各自的环境不同很可能对成本造成不同程度的影响。

专家和研究人员都已意识到这些模型没有太多共同点，并且大多数模型无法在其建立的背景环境之外的情况下使用。

- 文献中的数据集也表明规模经济和非规模经济的经典理念同样适用于软件开发过程。

那么，以上这些研究的实际意义是什么呢？

让我们回顾一下软件项目中常见的楔形数据集（见图 2.15）。当从规模经济和非规模经济理论的角度进行剖析时，我们看到一个楔形数据集可以被分成 3 组数据进行分析，如图 2.19 所示。

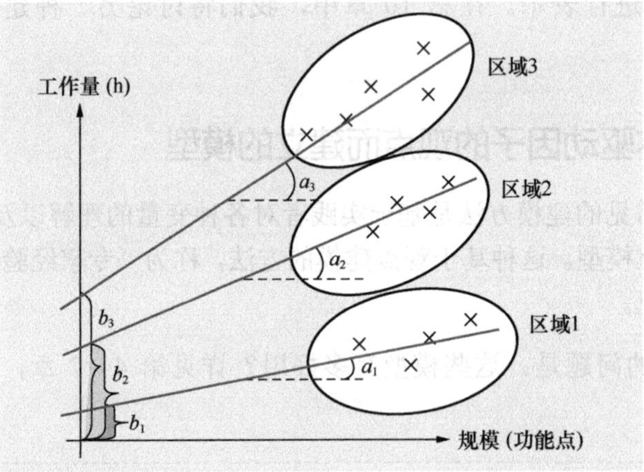

图 2.19 楔形数据集中代表规模经济/非规模经济的 3 组数据（Abran 和 Cuadrado 2009，经 Knowledge Systems Institute Graduate School 许可后引用）

- 区域 1：楔形数据集最下部，代表规模经济效应较明显的一组项目。
  - 对于这组数据，即使功能个数有明显增长也不会导致工作量有相应大幅度的增加。
  - 在实践中，此区域的项目所需的开发工作量对于待开发的软件功能个数的增加几乎不敏感。
- 区域 2：楔形数据集最上部，代表非规模经济效应的一组项目（其功能规模作为自变量）。

对于这组数据，规模方面的小幅增长将导致工作量（固定成本或变动成本，或二者同时）大幅增加。

- 区域 3：最后，可能存在第三组数据，位于楔形数据集的中间。

这可能意味着在这组数据中会有 3 个生产率模型：

$f_1(x) = a_1 x + b_1$，对应区域 1 的数据样本；

$f_2(x) = a_2 x + b_2$，对应区域 2 的数据样本；

$f_3(x) = a_3 x + b_3$，对应区域 3 的数据样本。

这 3 个模型都有各自的斜率（a_i）和各自的固定成本（b_i）。

导致规模经济和非规模经济可能的原因	在非规模经济效应较明显的这组数据中，每个项目都有极高的保密要求和安全约束。 在规模经济效应较明显的这组数据中，每个项目都利用了历史数据库的信息，即不需要生成和验证新数据，而且复用代码比例都很高，也没有保密要求。

下一步的问题是：是什么导致这 3 个模型完全不同？

当然，只通过图形分析不可能找到答案。

- 在一个二维图形中只有一个自变量。
  这一个变量无法提供与其他变量有关的信息，也无法提供已完成项目的相似特征或差异。但是，如果回顾楔形数据集的数据模式，并且利用规模经济和非规模经济的概念（如本章前一节介绍）把数据分割成不同部分，那么便可以把项目划分为多组数据进行图形分析。

下一步，需要对每组数据进行分析以确定：

- 在同一组数据中，哪些特征（或成本驱动因子）是类似的？
  在两组（或三组）数据之间，哪些特征是迥然不同的？

注意：其中一些值可以被分类（按照定类来区分，比如一组项目使用了一个特定的数据库管理系统（DBMS），另一组项目使用了另一个 DBMS。）

我们可以根据不同值的特征进行数据分组并建立参数，这些参数用于在估算的时候从 3 个生产率模型中做出选择，参见第 11 章。

本章详细探讨了一些在生产过程中起关键作用的经济学概念，包括固定成本、变动成本和规模经济、非规模经济，并结合软件工程数据中的楔形数据集或同质化数据集，从规模与工作量关系的方面，详细解释了这些概念。

2.8 练习

1. 通过增加软件项目的输入、活动及输出，更加具体地阐述图 2.1 的生产过程。

2. 通过增加目标、度量元和行动措施，更加具体地阐述如图 2.2 所示的评价和控制过程。

3. 举例说明哪些组织级目标看起来与项目目标矛盾。讨论一下当出现这种情况时，项目经理应该采取什么措施。

4. SoftA 为一个软件开发子公司，该公司的平均生产率是 30 个功能点/人月（基于网页的开发）。而另一个子公司 SoftB 的生产率是 10 功能点/人月（现金转账处理软件的开发）。这两个子公司使用相同的度量单位衡量它们的输入和输出。请比较它们的生产率，即网页开发的生产率与现金转账处理开发的生产率有何差别？

5. 基于代码行计算的生产率有什么问题？讨论一下这一比率的优势和劣势。

6. 根据下面的表格计算亨利和查尔斯的生产率和效率。

成员	输出（功能规模）	输入（h）	LOC	生产率（基于？）	效率（基于？）
亨利	10	60	600		
查尔斯	10	60	900		

7. 对于一组数据，除了均值，还应该观察哪些其他特征？

8. 什么是正态分布（或高斯分布）？

9. 对于一组有明显倾斜的数据，取其平均值用于估算是否合理？

10. 当你对一组数据的详细信息不了解时，是否应该取其均值用于估算？

11. 如果一个幂模型的指数是 1.05，它跟一个线性模型是否有很大的不同？

12. 当一个幂模型的指数是 0.96 时，意味着什么？

13. 如果一个线性回归模型的常量为负时，这个模型是错的吗？

14. 如果你的模型的斜率为负，意味着什么？你该怎么办？

15. 如何确定一个开发过程产生了规模经济？

16. 请用图形表示一个非规模经济的软件开发过程的生产率模型。

17. 在哪一成熟度等级能够观察到楔形数据集和同质化数据集的数据？这样的模型对于组织来说意味着什么？

2.9 本章作业

1. 图 2.2 提到的评价和控制流程是针对整个项目的。然而，这样的流程也可以在项目的各个阶段实施，从可行性调研阶段一直到维护阶段。请描述你的组织是如何在项目的每个阶段实施（或应该实施）评价和控制流程的。

2. 收集你的组织在过去一两年中已完成的项目信息，并把数据画在一个二维图形上，功能规模是自变量，工作量是因变量。这组数据生成的二维图形是什么形状？这个形状说明你们的开发过程性能是什么样的？

3. 你参与的最近 3 个项目的单位成本是多少？如果你没有这些数据，为什么你的组织不收集这些基础数据？

4. 在你的组织中怎样确定软件项目的固定成本？

5. 你的组织使用的估算模型是一个万能模型吗？如果是，这个模型好用吗？

6. 你的组织有多少数据可用于建立生产率模型？如果没有数据，管理层不收集这些数据的理由是什么？

7. 如果你的组织没有现成的数据，那如何进行收集？你的组织愿意花费多少代价得到这些数据？如果你的组织没有打算做任何投入，是不是说明数据对他们没有价值？

第3章

项目场景、预算和应急计划[①]

本章主要内容

- 不同估算目的的场景。
- 应急资金和估算偏少的可能性。
- 一个项目层级应急计划的案例。
- 项目组合层级的应急资金管理。

3.1 概述

在第 1 章提到的估算过程的阶段 D 中（见图 1.9 或图 1.15），某项目需要对其软件开发进行预算（或定价）决策。这一决策必须来源于：

- 对该项目估算过程输入变量的不确定性分析；
- 对估算过程所使用的生产率模型的优点和局限性的了解；
- 员工和估算者收集到的其他背景信息，这些信息以调整因子和风险的形式修正生产率模型的输出。

为了达到最佳实践效果，需要进行两个互补的决策：

① 参见 Miranda, E., Abran, A.所撰写的《避免软件开发项目估算偏少》，项目管理期刊，项目管理协会，2008 年 9 月，PP.75-85。

- 项目层级的预算；
- 项目组合层级的应急储备。

1. 项目层级

在项目层级，工作量预算一般是一个单点值，项目经理及其团队成员为该预算负责。

此时从候选范围内选择单点值已经不再是一个工程决策，它一定是一个管理决策，参见 1.7 节。

2. 项目组合层级

而在项目组合层级，需要做第二种类型的决策。尽管高层经理可能已指定项目工作量目标，但是不论是高层经理还是项目经理都存在以下问题：

- 不能在预算选定的那一刻解决所有输入信息的不确定性；
- 不能在项目进展过程中控制所有变量；
- 不能预测项目生命周期中可能变为事实的所有风险。

这意味着，以目前的软件估算和项目管理技术水平，不管是实践还是理论研究层面，都无法保证项目所选定的预算是准确的。

因为不是所有的项目约束条件（包括功能、交付期和质量水平）都会在整个项目生命周期中保持不变。目前，已经研发出多个项目管理技术来解决这些问题。

注意：本章进阶阅读部分将会展示一个通过模拟得到项目投资组合预算的方法。

3.2 不同估算目的的项目场景

在很多情况下，项目工作量和工期估算都只能基于概要需求文档中的有限信息。众所周知，这是很不可靠的。这种情况下，估算人员能做的只有：

- 确定估算值的区间范围；
- 指定每种情况发生的概率。

1. 确定估算值的区间范围

组织识别出一个区间范围作为项目目标，并且组织相信这一目标可以达成，如图 3.1 所示。在实践中，这个区间范围一般至少由以下 3 个值组成。

（1）最好的情况：所用工作量最少。这种情况发生的概率较低。

（2）最可能的情况：所用工作量相当多。这种情况发生的概率最大。

警告：“最可能”的意思不是说这种情况可能会有50%的概率发生。它可能代表一个很低的概率，比如20%，而其他情况发生的概率更低。

（3）最坏的情况：所用工作量非常大。这种情况发生的概率较低。

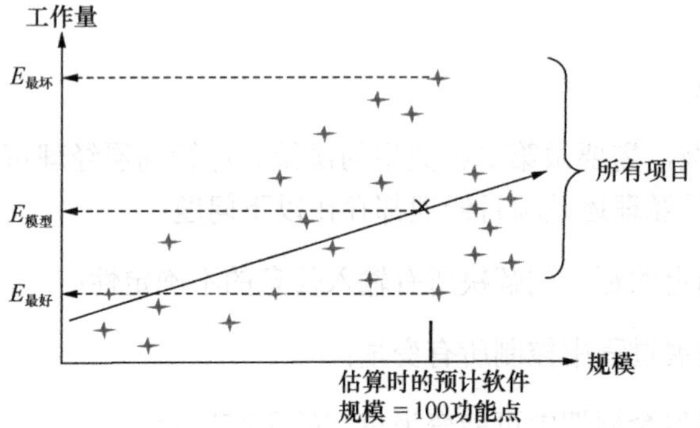

图 3.1 最好-最坏的情况

以下展示的例子是在有生产率模型（基于历史数据）的背景下进行的。

- 项目工作量的上下限可以通过功能规模计算出来，而规模大小在估算时是可以知道的。

估算时的预计软件规模，比如100功能点（见图3.1）。

- 在数据库中，如此规模的项目工作量的最小值对应历史数据中的最好情况（y-工作量轴的$E_{最好}$）。
- 在数据库中，如此规模的项目工作量的最大值对应历史数据中的最坏情况（y-工作量轴的$E_{最坏}$）。
- 由数学模型（能较好地体现出自变量每个值对应y值的那组数据的方程）推导的工作量，将会计算出预计规模对应的工作量（y-工作量轴的$E_{模型}$）。

但是，这一结果不一定对应着文献中由主观因素确定的最可能情况。事实上，软件行业始终被过于乐观的估算所困扰，所以最可能值很可能会比模型给出的估算值低（见图3.2的$E_{最可能}$）。

图3.3给出的例子中，所交付软件的预计功能规模也存在不确定性：也就是，软件规模不再是一个常量，而是一个估算出来的规模范围，有一个最大估算值和最小估算值。

举例来说，图 3.3 中功能规模范围的最低值可能是−10%的位置，而最高值可能是+30%的位置，因为实际上，规模下限（下限的理论最小值为 0，因为在这种情况下负数没有实际意义）偏离的程度一般比上限小（上限没有理论最大值）。

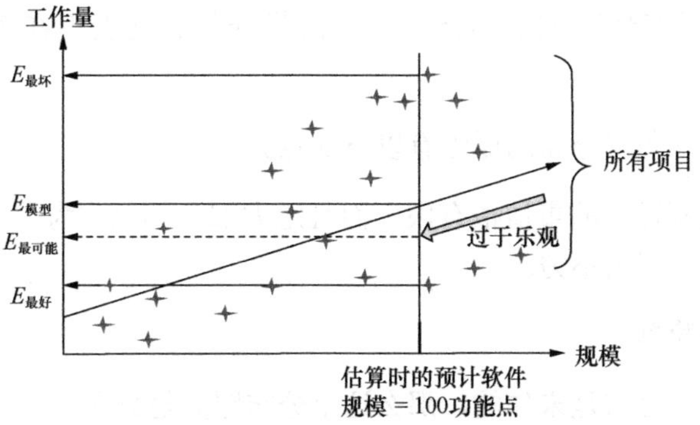

图 3.2 最可能情况和过于乐观的估算

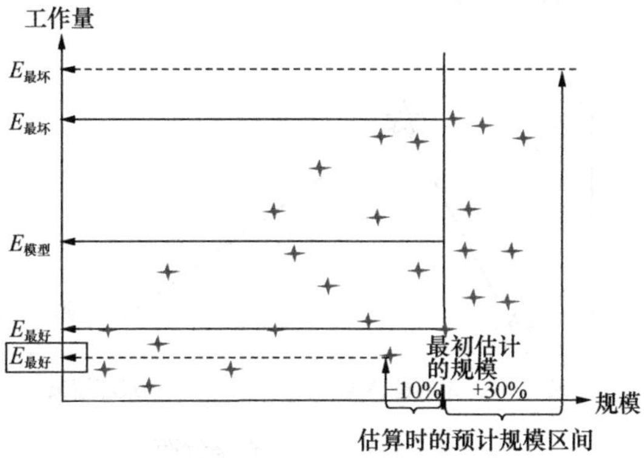

图 3.3 最好和最坏情况，以及规模的不确定性

- 从图 3.3 可以明显地看出，估算时软件规模的不确定性增加了工作量估算值的上下限范围，导致 $E_{最好}$值更低，$E_{最坏}$值更高。

2. 指定每种情况发生的概率

当然，并不是估算结果区间范围内的每个值发生的概率都相同。

更“准确”地说，这里的“准确”是指实际项目的工作量（项目结束后的总工作量）将会是整个区间范围内的一个单点值。

根据定义：

- 最好情况和最坏情况发生的概率都应该非常低（在图 3.4 中假设为 1%）；
- 最可能的情况发生的概率应该最高（在图 3.4 中，这种情况假设为 20%）；
- 估算范围内所有其他值的概率应该是以最可能情况对应的最大值为起始依次降低，直到最好情况或最坏情况对应的最低值。它表现在图 3.4 中是一个三角形分布。

选择这个右偏的三角形分布的原因有以下 3 点。

（1）项目里能顺利进行的事情很有限，而且绝大部分都已作为因子考虑到估算里了，而不顺利的事情仍然是层出不穷。

（2）这个分布很简单。

（3）既然"实际"分布是未知的，那么这个分布跟其他分布一样是合理的。

负责项目估算的软件工程师的责任是确定每种情况的估算值，并为每种情况分配相应的概率（或者概率范围），如图 3.4 所示。

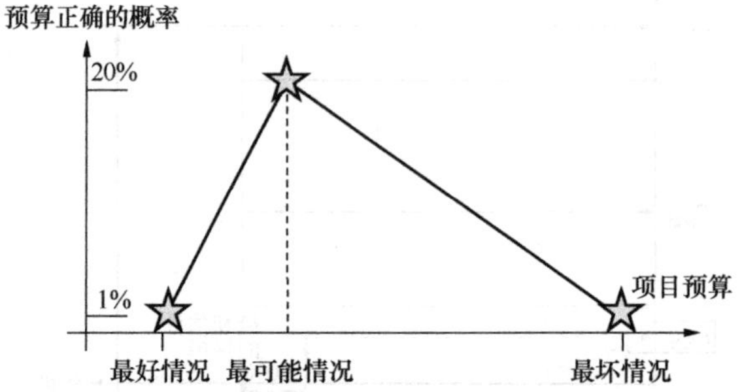

图 3.4 几种场景的概率分布

选择一个单点值作为项目的"估算结果"，或者更准确地说是作为项目预算，这不是估算人员的职责。

3.3 估算偏少的概率和应急资金

不管在选择和分配预算方面管理层的文化、方法或策略（以及原理）是什么，通常都会导致同样的结果。

- 选择最好情况基本上一定会导致成本超支并想要走捷径，因为这种情况的发生概率原本就很低（Austin，2001）。

- 选择最坏情况可能会导致竞标失败（太多的钱花在一些额外的事情和包装美化上，而没有对高优先级和高附加价值的功能给予足够的关注，总是缺少聚焦。并且工期太长，容易失去商机），而且几乎可以肯定的是会超出预算（Miranda，2003）。
- 在实践中，大家经常会选择最可能情况，因为感觉它更有可能接近“准确”；然而，在进行软件估算的时候，这个值一般都会偏向最乐观情况（而不是最坏情况）。
  - 团队成员一般都是乐观主义者，尽管他们的估算大部分都是错的！
  - 很多团队成员都可能受到客户、经理或者他们双方的影响，而偏向于寻求一个最好的价格（也就是，项目工作量尽可能少）。
- 客观来看，最可能情况是一个单点值及其对应的概率值。尽管它可能比其他情况的概率都高，但是其他情况加起来的概率也很可能超过它。因此：
  - 最可能情况没有变成现实的概率是很大的；
  - 其变成现实的概率只是前者的几分之一。

估算偏少的问题如图 3.5 所示，项目估算值在左边，用虚线表示；未知的项目最终成本在右边，用虚线表示。当然，在制订预算时，实际值是未知的，因此在图 3.5 中被标注为“未知的实际成本”。

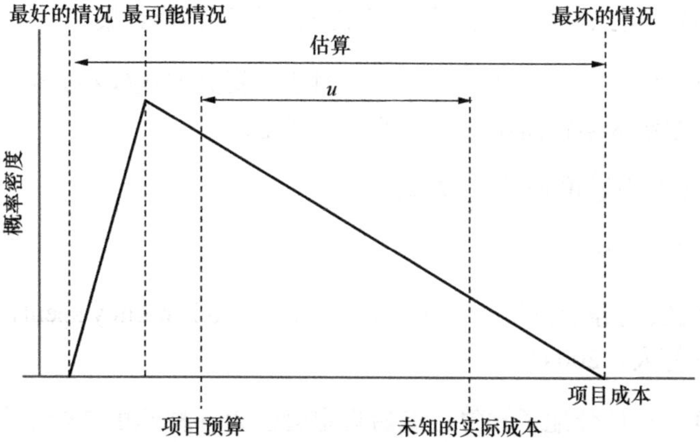

图 3.5 从一系列估算值中选择一个预算值作为目标（Miranda 和 Abran 2008，经 John Wiley & Sons, Inc.许可后引用）

在图 3.5 中，选定的项目预算比最可能情况稍微高一点，而实际上报的项目工作量则明显比预算偏右。当实际成本已知时，预算和实际成本的差距被称为低估部分（u）。

低估部分的概率分布 $p(u)$，u 与图 3.4 中的工作量分布类似，只是换成了项目预算。

综上所述，在软件项目中，不管选择哪个估算值作为“预算”，都有很大的概率被证明是不准确的。在实践中，如图 1.4，在软件行业，大多数项目在建立预算时都是资金不足的。

如果多数项目都存在估算偏少的情况，如何管理这个问题？

估算偏少在项目管理中并不是个新课题。目前，很多工程和项目管理团体都已研究出相关的解决方法。这些方法收录在项目管理知识体系（PMBOK）中，由项目管理协会（PMI2013）出版。

根据项目管理协会（PMI）的定义，应急储备是指“资金、预算或时间方面，除估算量之外仍需要的数量，以便降低为达成项目目标而超支的风险至组织级可接收的程度”（PMI 2004，第 355 页）。

- 应急资金是为了解决众多没有具体识别出来的可能事件和问题，或用于填补在进行估算准备时项目定义的缺失。

当使用资金的权限在项目管理层之上时，应急资金也可被称为管理储备资金。

在实践中，应急资金是采用启发式方法加入到项目中的，比如应急资金占项目预算的 10%或 20%，或者根据对风险调查问卷的反馈，累加百分比。

- 更成熟一点的组织可能会做蒙特卡洛模拟来得到预期结果。

不管选择哪种方法，对于在实际项目中，对应急资金的规模和如何管理应急资金起决策作用的个人或是组织因素都是不能忽视的，尤其是：

- 管理层优先考虑进度而不是成本；
- 管理层倾向于不作为；
- 分拨出去的钱就等于花掉了（the money allocated is money spent，MAIMS）的态度（Kujawski 等人，2004）。

因为这种态度，一旦分配了预算，最后肯定会因为各种理由被全部花掉。这也就意味着最终低于预算而节省出的那部分资金很少能够抵消超支的部分。

这违背了应急资金也占有项目预算一定比例的基本原则，因此为了有效和高效地管理应急资金，在高于项目的层级上进行资金管理是较为合理的解决方法。

3.4 单一项目的应急计划的案例

在本章中，我们将介绍一个应急资金设置的案例，当从大量的估算值（每个值发生的概率都很低）当中选择一个值作为预算时，应该预留多少作为应急资金。为了便于阐述，做如下假设：

- 乐观估算为 200 人月；
- 最可能估算为 240 人月；
- 悲观估算为 480 人月。

图 3.6 是一个估算值范围示意图，横坐标以 20 人月为间距分割成网格。图 3.6 展示了一条非线性曲线，代表每个资金水平上所需的应急工作量大小的举例。正如我们预料的：

- 当项目预算定为最乐观估算（200 人月）时，应急工作量达到最大值=240 人月；
- 当项目预算定为最悲观值（480 人月）时，应急工作量为 0。

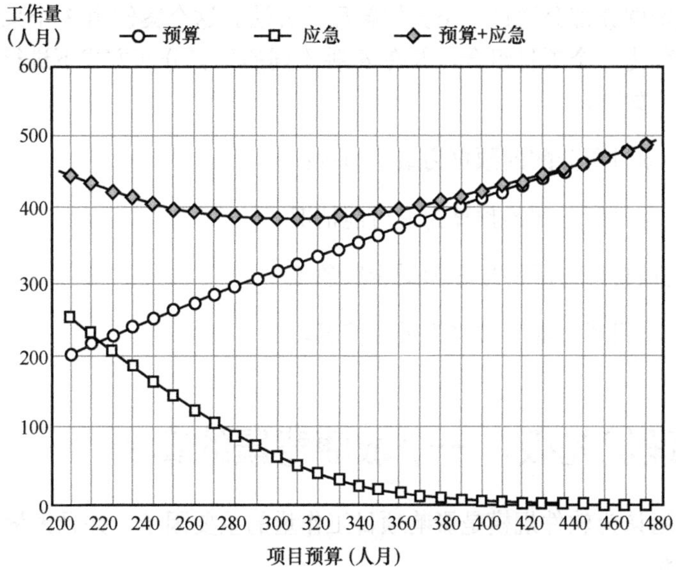

图 3.6 根据所分配的预算进行的项目总成本（预算+应急）分解（Miranda 和 Abran 2008，经 John Wiley & Sons, Inc.许可后引用）

项目经理对分配给他的预算负责，而高层经理的职责则是不要被低概率的预算值所蒙蔽，要预留出必要且合理的应急资金，以便在出现不确定性风险时充分地支持项目。

在本例中，最小总成本对应的预算为 320 人月（见图 3.6 中最上面的那条线）。

注意：本书大多数图表都来源于真实的项目，而本案例和图 3.6 中的数值均为说明性的数据，并非实际的项目数据。

3.5 项目组合层面的应急资金管理

MAIMS 行为可以用帕金森定律和预算游戏来解释，即把所有预算都花掉，以避免开设预算有余的先例[Flyvbjerg，2005]。

如果 MAIMS 行为在组织内很普遍，那么不论项目是否需要，分配给项目的预算会全部被花光，所以永远不会出现预算没花完的情况，只会有成本超支的情况。

这否定了不一定使用应急储备的基本前提。

为了高效和有效地管理资金，显而易见的并且在数学上有效的方案是在项目组合层级上进行管理，在项目需要时分配至各个项目。

我们将在进阶阅读部分通过一个案例解释该方法。这个案例由 3 个来源于图 3.6 例子中的项目构成，称为一个项目组合，并在 4 种不同的预算分配方式下进行模拟。4 种预算分配方式（场景）如下：

- 场景 1 是项目所分配的预算为最好情况；
- 场景 2 是项目所分配的预算为最可能情况；
- 场景 3 是项目所分配的预算为最少应急工作量；
- 场景 4 是项目所分配的预算为最坏情况。

3.6 管理优先级：一个敏捷背景的案例

现在人们普遍认为软件规模是影响项目工作量的重要因子，并且大量统计学研究报告也强烈支持这一观点。

如图 3.7 所示，产品需求决定了项目规模，继而影响了项目工作量。准确地说，产品规模是自变量，而项目工作量是因变量。

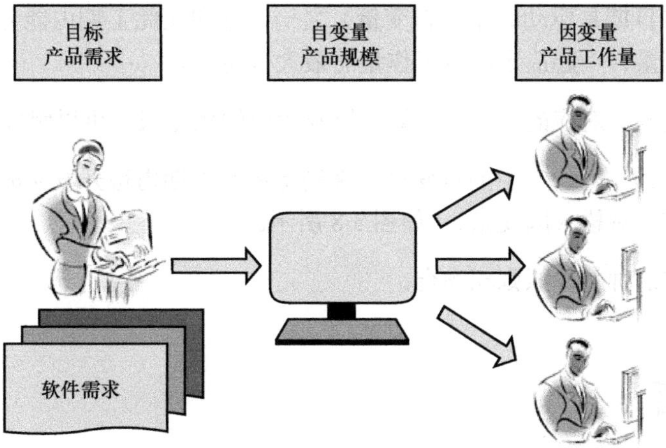

图 3.7 产品规模作为影响项目工作量和工期的关键因子

然而，大家也承认远远不止规模这一个影响因子（自变量），有很多其他因素（如开发工具、编程语言、复用等）都与工作量有关系，可以在建模时加以考虑。

此外，软件规模有时候也可能作为因变量，比如当项目交付期是关键因子（处于项目第一优先级）时。在这种具体场景下，如图 3.8 所示。

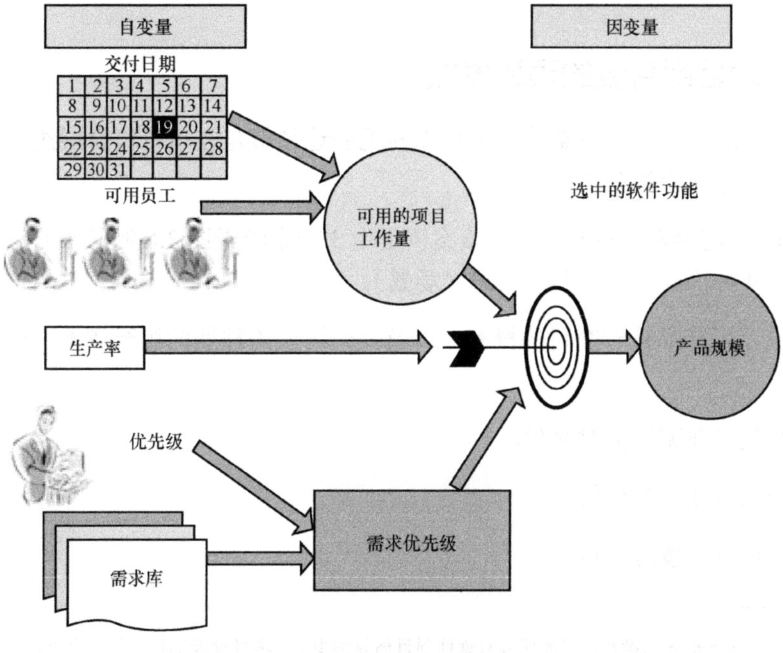

图 3.8 产品交付期作为决定软件功能和规模的关键因子

（1）项目交付日期是驱动因子（自变量）之一，它和在此工期内能分配给项目的峰值人数（另一个自变量）一起决定项目工作量的最大可能值。

（2）需求列表及其对应的工作量估算，以及相应的优先级，可以组成另一组自变量。

（3）再考虑（1）和（2）中的自变量，来确定在此工期内待开发完成的产品特性，以此确定所交付的产品规模（因变量），如图3.8所示。

敏捷方法正与这种管理原则相吻合。

3.7 总结

本章主要介绍了项目估算的结果为一个范围值以及概率，组织相信在已知的概率下，该项目可以达成目标。

而从大量的估算值中选择其中的一个单点值作为项目预算（目标）是商业与管理相结合的决策结果。该选择也包括在估算范围内为项目分配资金或工作量：

- 较低的预算，将有很大的可能导致低估了需要的实际工作量；
- 较高的预算，基本上就会导致镀金现象和过度开发。

进阶阅读：项目组合级的预算模拟

高效且有效地进行应急资金管理的显而易见的途径就是在项目组合层级进行管理，并根据项目需要再分配给每个项目。

下面的案例[①]将会对此进行阐述。该案例是由3个来源于图3.6例子中的项目组成的项目组合，模拟4种不同的预算分配策略（场景）。

图3.9展示了产品按时交付的概率，以及每个场景的预期的组合成本。图中展示了以下4种概率。

（1）所有项目都无法按时交付。

（2）一个项目能按时交付。

（3）两个项目能按时交付。

① 参见Miranda, E., Abran, A.所撰写的《如何应对软件项目估算偏少》，项目管理期刊，项目管理协会，2008年9月，PP.75-85。

（4）3 个项目都能按时交付。

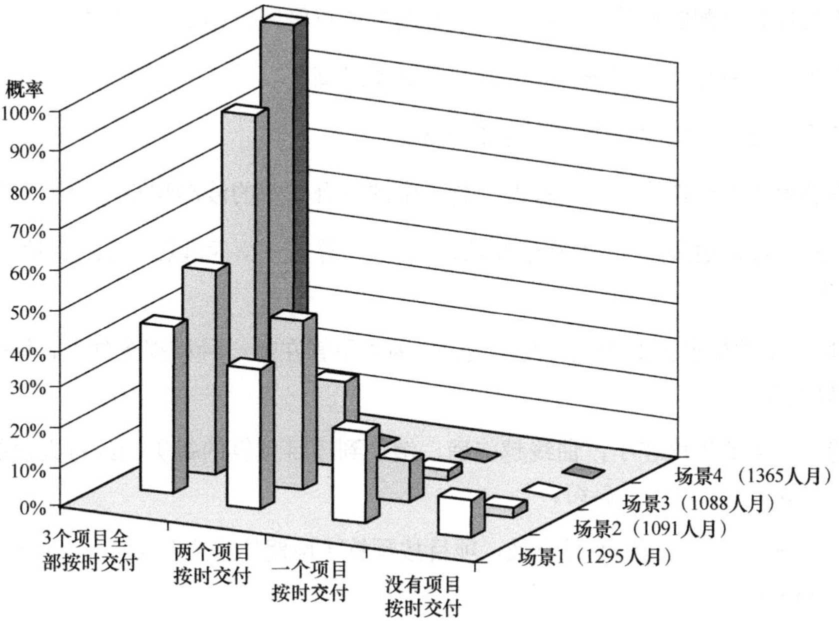

图 3.9 不同的预算分配场景下按时交付的概率

注意：括号里的数字代表预期的组合成本（Miranda 和 Abran 2008，经 John Wiley & Sons, Inc.允许后引用）。

组合成本包括分配给 3 个项目的预算加上它们的恢复成本，或是无法从估算偏少的窘境中恢复回来而需要付出的惩罚性成本。

场景 1 是为所有项目分配的预算都等于其最乐观估算值（200 人月）时的模拟结果。

这可能是最差的策略了。这不仅造成组合成本较高（仅次于最高），而且项目完成的时间最晚。

尽管分配给项目最低的预算，恢复成本和惩罚性成本也会导致总成本升高。

场景 2 是为项目分配的预算等于最可能估算值（240 人月）的情况。

在这种场景下，组合成本低于前一个场景的成本，而且按时交付的概率更高。

场景 3 是为了使得预计恢复成本（应急部分）最小化，而为项目分配的预算，如图 3.9 所示。

总成本为 1088 人月，这个场景预期的总成本最低，同时 3 个项目都按时交付的概率很高。

场景 4 为项目分配的预算为 455 人月，取的是估算区间的第 99 百分位。

在此场景中，所有项目都按时完成，但是成本最高。

图 3.10 显示了每种场景的组合成本的分布。

这里需要重点关注曲线的陡峭程度。场景中的组合成本的波动越小，曲线就越陡峭。

- 场景 4 的波动最小，因为分配给项目的预算较多，可以避免估算偏少的情况发生。
- 而场景 1 的情况正好相反，波动最大，因为不管在哪一种模拟条件下，每个项目都估算偏少。

曲线陡峭的重要程度在于，曲线越陡峭，增加到项目预算的每美元或每人月的保险程度就越高。表 3.1 对此进行了总结。

实际上，场景 3 对应的策略最有效，项目按预算（预期的组合预算值是 1125 人月）完成的概率是 71%。

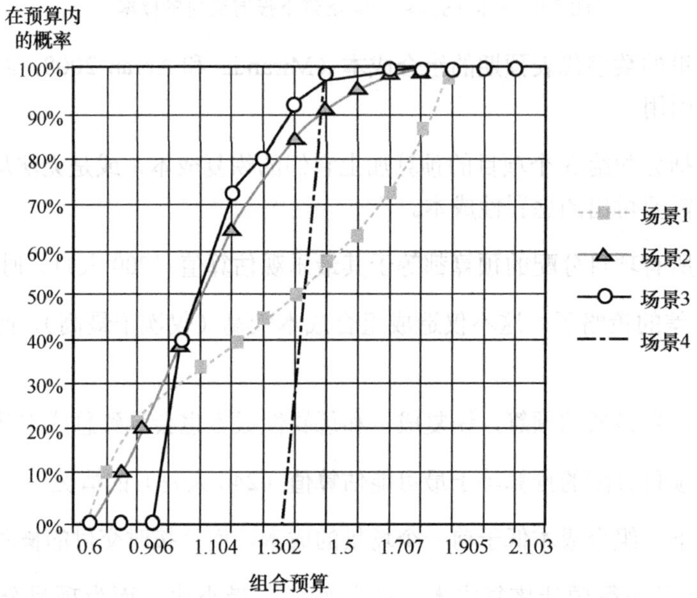

图 3.10 每种场景的组合成本分布（Miranda 和 Abran 2008，经 John Wiley & Sons, Inc 允许后引用）

表 3.1 预算策略汇总

场景	预期的组合成本（模拟所得结果）（人月）	3 个项目的预算（人月）	应急资金（人月）	组合预算（人月）	在组合预算范围内的概率（%）（见图 3.6）(≌)
1	1295	3×200 = 600	3×251 = 753	600 + 753 = 1353	55
2	1091	3×240 = 720	3×150 = 450	720 + 450 = 1170	68
3	1088	3×320 = 960	3×55 = 165	960 + 165 = 1125	71
4	1365	3×455 = 1365	3×0.5 = 1.5	1365 + 1.5 = 1366.5	99

3.8 练习

1. 在图 3.1 中，当项目规模为 50 个功能点时，对应的最好情况和最坏情况的工作量是多少？

2. 项目管理中最可能场景发生的概率一般是多少？为什么？

3. 如果在估算阶段还无法精确得知待开发软件的规模，但是可以预计出其范围，那么对于估算结果有什么影响？

4. 在进行软件估算时，选择乐观情况有什么风险？如果选择的是乐观场景，谁来负责缓解风险？

5. 所有场景（最好-最可能-最坏）估算偏少的概率都一样吗？估算偏少对应急储备有什么影响？

6. 项目管理中的 MAIMS 行为指的是什么？

7. 请识别在做项目预算分配时，商业决策有哪些倾向？每种倾向对项目经理和项目成员的影响是什么？

8. 在图 3.6 所示的案例中，哪种情况的项目总工作量最小？

9. 在一个运作良好的软件组织中，应急资金是在哪一个管理层级进行管理的？

10. 场景的建立和对预算值的概率分配，应该是基于对历史数据的分析。请指出在图 1.12～图 1.16 中，需要考虑哪些数据和反馈环？

3.9 本章作业

1．在你的组织内，如果需要制订项目预算场景（最好、最可能和最坏情况），流程是什么？主要都是基于个人经验还是基于对历史项目的分析？

2．根据你的组织中工作量和进度估算达成情况的相关经验，实际结果满足最可能情况的估算值的（真实）概率是多少？

3．你目前参与的项目中，最好、最可能和最坏场景的估算分别是多少？你会怎样分配每一种情况的达成概率？

4．针对上述项目，你已经识别出了各种场景及其对应的概率，请计算出备选方案所需的应急资金量。

5．在你的组织中，谁负责确定应急资金的数量，谁负责管理应急资金？

6．假设你在项目管理（PM）办公室工作，负责多个项目的监控，识别出每个项目估算偏少的概率，并计算当需要额外资金支持时能及时到位的应急资金数量。

第二部分
估算过程：必须验证什么

生产率模型是估算过程的核心，因此使用者必须了解其优点和缺点，而在建立模型时，模型建立人员也需要分析并记录其优点和局限性。

本书的第二部分，我们将深入探讨一下估算过程中出现的各种质量问题。具体来说，我们是从工程化角度而非“手工艺”角度去研究估算过程。当对估算过程进行设计和选择时，对提出的所有验证准则都应该经过调研并保留记录，并且要确保验证结果对所有使用该流程的新项目都可用。

第 4 章简要介绍在估算过程中必须理解和验证的多个部分，首先是在建立生产率模型时，其次是在使用其进行估算的过程中。

第 5 章讨论在设计生产率模型时，对直接输入因子（明确包含在参数化的统计模型中的自变量）需要进行的验证。

第 6 章介绍使用统计技术所要满足的条件有哪些验证规则、识别估算范围的准则和模型参数方面的估算误差。

第 7 章讨论在估算过程的调整阶段中的各个要素，包括对传统估算方法中通常提到的“成本因子”隐含的子模型的认识和理解。本章还介绍了当生产率模型包含多个因子时，对度量的不确定性造成的影响，是会增加精确度，还是会扩大不确定性和偏差范围？

第 4 章

估算过程中必须验证的内容

本章主要内容

- 估算过程的直接输入。
- 生产率模型的使用。
- 调整阶段。
- 预算阶段。

4.1 概述

你是否应该关心估算过程是否合理？其中隐含的生产率模型是怎样的？

软件工程师和经理通过使用估算过程来做出承诺，即

- 为组织带来显著收益；
- 对自身的职业生涯有益。

这些高技术专家是否会和见多识广的消费者一样睿智呢？

在日常工作和生活中，消费者知道他们必须了解所购买和使用的产品和服务的质量。

买车这件事可不容小觑！	当考虑买车时，大部分消费者会广泛查阅车辆信息，关于汽车的各种技术性能（质量特性），然后对比价格再做决定。 比如，消费者要查阅车辆消费报告和专门对车辆性能做对比的杂志，以上

买车这件事可不容小觑!	两者都包含了关于车辆种类和车辆的各项参数的介绍，这些对驾驶员和乘客都很重要。
软件项目估算做得有多好?	大部分情况下，软件项目所涉及的资金量比买车要多得多。 对于你们正在使用或者打算使用的估算工具和技术，你的组织真的知道其质量和性能如何吗?

估算模型的来源是多种多样的，比如：

（1）有时可以在网络上找到免费的估算软件。

（2）市面上销售的估算软件工具，一般是黑盒的，其内部的数学公式和所依赖的数据库都是不可见的，无法进行独立分析。

（3）书籍、杂志以及相关出版物。

不论估算模型是哪种来源，都可以使用这些估算工具进行重要的财务决策以分配资源给项目：在没有验证它们的质量，也不了解使用限制的情况下，这些估算工具（包括数学模型）的使用频率是多少？

软件估算工具的使用者应该非常关注工具的质量：因为组织花费了大量的时间和金钱。估算过程（及其相关的软件工具）与其他技术一样。

- 不是每个估算过程都好用，并且能在特定的环境中充分发挥作用。
- 与其他过程和模型一样，估算过程高度依赖于其输入的质量（“垃圾进，垃圾出”）。

在本章中，我们将识别需要进行验证的元素，使估算过程可信且可审计。

4.2 验证估算过程的直接输入

当在具体环境下进行某个项目的估算时，验证的第一步包括识别估算过程的输入（进行估算准备时能够得到的信息），并记录这些输入的质量。

4.2.1 识别估算的输入

估算的输入一般包括以下两种：

- 自变量的定量产品信息；
- 当有多个模型可供使用时，所选模型的过程描述信息。

1. 产品信息

收集所开发软件产品的相关信息，包括：

- 功能性需求（可用国际标准的功能规模度量方法进行度量）；
- 非功能需求（一般用文字描述，因为几乎没有对应的国际标准）；
- 系统视角和软件视角的关联关系（开发的软件是应用于由一系列操作步骤构成的环境，软件与手工操作或自动化的操作进行交互，或与硬件进行交互）。

在每个开发的生命周期阶段，这些产品信息应该尽可能地量化并完整记录。

2. 过程信息

过程信息是开发过程和开发平台的期望特征的相关信息。

过程信息包括关于某一技术环境已知的约束条件，比如DBMS、编程语言和编码规范。

3. 资源信息

在分析阶段进行的早期估算，应该独立于分配给这个项目的特定的人力资源。

4.2.2 记录输入的质量

仅仅识别出有哪些输入是不够的。在这个时候并不一定知道有哪些关键的自变量，而且输入变量可能存在貌似合理的显著偏差，如功能规模。在进行项目估算时，估算者需要对可收集到的信息的质量进行评估并量化，这些信息作为项目估算的输入。对估算输入信息质量的所有评估都应记录下来，以备日后追溯，并在使用模型前帮助理解候选的不确定性范围，如图4.1所示。

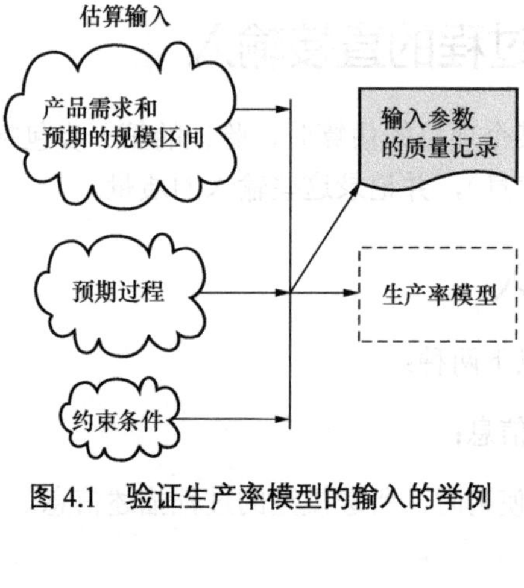

图4.1 验证生产率模型的输入的举例

(1) 对需求的功能规模的度量，表示其功能性用户需求的质量和完善程度[①]。

比如，一个 377 功能点（FP）的规模被作为模型的输入，那么应该说明这个数字所依据的功能性要求：

- 此规格已通过评审确保其是完整的、一致的，且没有歧义，这样才能保证对其功能规模的度量是精确的、充分的；
- 或者，此规格描述符合国际标准，比如关于软件需求规格说明的 IEEE 830 [IEEE 1998]；
- 或者，此规格说明在一个较粗的层级，不能进行精确度量，只能用近似方法得到其规模，度量结果的精确程度未知。

(2) 当需求不够详细，无法使用国际标准方法度量其功能性用户需求时，估算者可以使用文献中记载的近似方法或 ISO 标准认可的近似方法。

此第一步骤应该形成书面报告如下。

(1) 对估算过程的输入的度量结果。

(2) 对此度量结果质量的评价，包括此过程中做出的假设，尤其是当需求规格说明书处于较粗层级或过于模糊而无法进行精确度量时。

功能点足够精确，可以作为估算的输入吗？	对于待估算的项目： (1) 当所有需求都很详细并且可用时，就可以准确地度量出功能点并可以信心满满地用于估算过程的输入。 (2) 当并非所有需求都很详细时，可以使用一些技术得到近似规模范围，比如，“COSMIC 功能规模近似度量指南”[COSMIC 2014a]。

4.3 验证生产率模型

不需要在每个项目进行估算时都验证生产率模型。一般来说，生产率模型只需要验证一次，即在初次建立模型的时候，或者从外部选定了该估算工具的时候验证。这个验证较

① IEEE 830 中定义的功能性需求在 ISO 的软件功能规模度量标准中也被称为“功能性用户需求（FUR）”，比如 ISO 14143 系列[ISO2007a]、ISO 19761 和 ISO 20926。我们在本书中也采纳了 FUR 这一术语，该术语广泛用于 ISO 标准中，因为 ISO 标准认为软件规模是生产率模型中的关键自变量。

复杂，包括如下两步：

- 对生产率模型的输入数据的分析，请参考第 5 章；
- 验证生产率模型本身，请参考第 6 章。

4.3.1 内部生产率模型

内部生产率模型，在理想情况下通常是：

- 用组织自己的历史数据建立；
- 对此历史数据建立起的模型质量有书面记录。

事实上，估算活动还存在其他约束条件，主要包括如下两点。

（1）待估算项目可能面临模型没有涵盖的情况或约束条件，即模型不能完全代表该项目的情况。

如果建模的数据点是从 0 到 100CFP（COSMIC 功能点[①]），那么它就不能代表超出此范围的情况（它不能用于估算一个比如说 1200CFP 的项目），如图 4.2 所示。（注意：此步骤是把生产率模型作为一个模拟模型使用。）

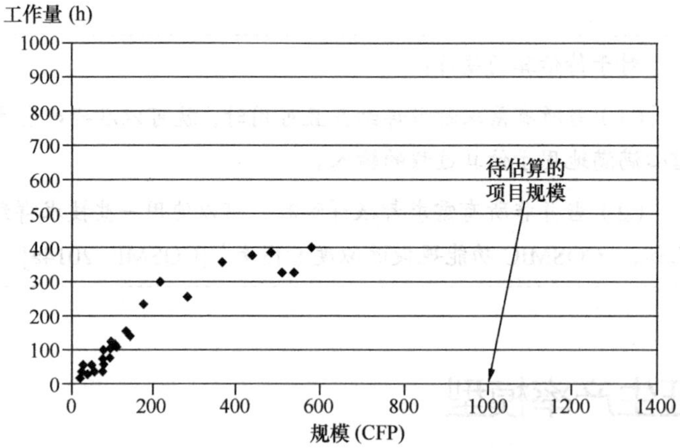

图 4.2 模型的使用范围依赖于其采样范围

（2）我们不能期望模型输出的是一个单一且准确的数字。

① CFP = 基于 ISO 标准 ISO 19761 度量的 COSMIC 功能点[COSMIC 2014b]; [ISO 2011]。

一般来说，模型提供的输出是一个可能的范围（某些模型会给出其概率范围）。

因此，估算过程中使用的模型应包含以下内容，如图 4.3 所示。

- 预期的适用范围的记录——详细信息，请参考第 6 章。
- 如果项目的情况与建立模型所使用的历史数据有很大的差别，应该慎用模型。

关于使用统计分析方法对历史数据建立的模型，如何分析其质量请见第 6 章。

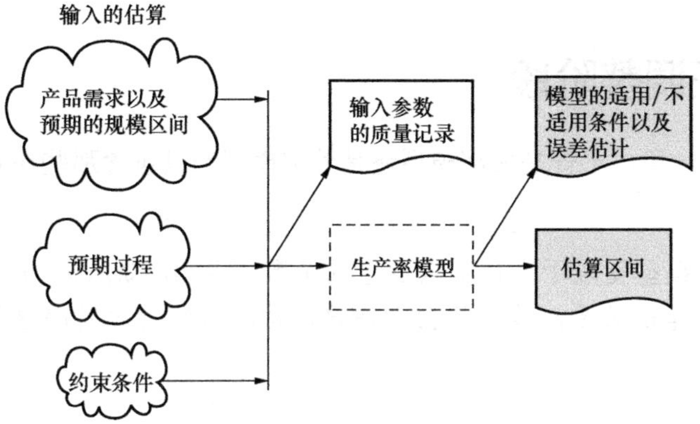

图 4.3 验证生产率模型

4.3.2 来自外部的模型

没有积累自己的历史项目数据库的组织一般会使用：

- 其他数据库的模型，比如国际软件基准标准数据组（ISBSG）提供的数据库；
- 软件估算工具[①]中自带的模型，如来自工具厂商（需付费）或来自互联网；
- 文献资料中的模型或数学公式（比如，COCOMO81 和 COCOMOII 模型）。

期望这些外来的模型可以与特定组织、特定文化、特定技术背景的项目完美吻合是不合理的，因为这些模型是基于其他组织背景和不同类型项目而建立的。

因此，如果要在估算中应用来自外部的模型，应该：

- 分析其在本组织中的预测能力；
- 对其进行校准，以适应商业决策环境，并承诺能按照此模型的输出分配资源。

---

① 本书中提到的“生产率模型”，在其他文献中或工具厂商那里一般被称为“估算工具”或“生产率模型”。

对外部模型预测能力的分析，可以这样做：

- 收集一个或多个最近结束项目的信息；
- 把这些信息作为输入代入到外部模型里；
- 将模型的估算结果与该项目实际工作量作对比。

有了这些信息，就能够判断这个外部模型在本组织内的预测能力。

4.4 验证调整阶段

在上一步验证阶段，不管是内部模型还是外部模型都只包含那些在其数学方程内明确表达的变量。

但是，生产率模型受限于方程中自变量的个数。当然，众所周知还有很多其他因子可能影响到与因变量的关系，我们将会在估算过程的调整阶段考虑这些因素，如图 4.4 所示。

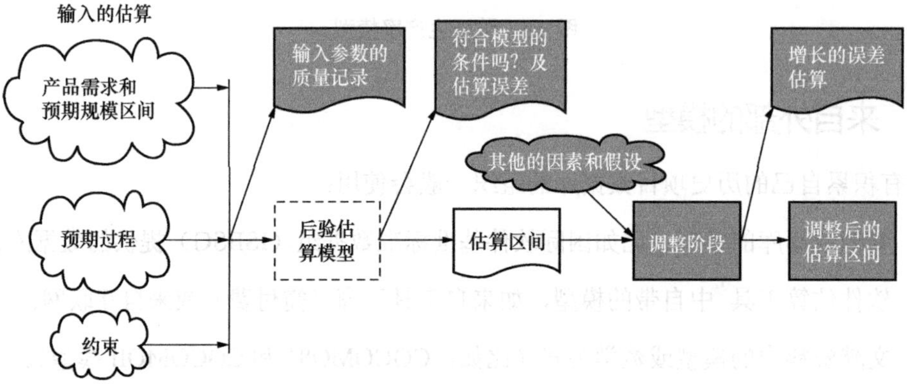

图 4.4 调整过程的验证

例如，某项目可能有一些产品、流程和资源的特征是没有包含在生产率模型中的。

验证阶段应包含如下内容（也可参见 1.6.3 节和图 1.12）：

- 识别、记录和“量化”其他的变量，信息和约束条件；
- 评估其他变量各自造成的影响；
- 将这些影响作为调整因子加入到所使用的模型中，不管是内部的模型还是外部的模型。

这意味着模型在前一步的输出只是调整阶段进行验证的一个输入。调整的基础和调整预计会产生的影响，都应该被记录下来。

- 大多提到调整阶段及其影响的书籍一般都是基于专家视角，而非基于合理且可控的经验，或基于拥有大量样本点（从统计学角度来说有意义）的业界数据。

通常不会提及误差范围或对估算值调整的影响。

4.5 预算验证的阶段

验证过程应该考虑可能对项目造成风险的其他因素，具体如下：

- 技术上，所选用的技术可能造成无法按照承诺交付。
- 组织上，
  - 有经验的员工可能无法在软件开发的关键时刻到位；
  - 员工生病、离职；
  - 招聘困难；

  ……

乐观值、最可能值和悲观值的估算通常是 3 个不同的数值。但是，理论上他们应该都落在一个连续的区间范围，每个范围对应一个发生概率。

- 乐观估算值的范围。
- 最可能估算值的范围。
- 悲观估算值的范围。

这种验证更偏向于管理领域，因此本书中不会进一步说明。

4.6 重新估算和对估算全流程的持续改进

对估算过程和生产率模型的改进取决于以下几点，如图 4.5 所示。

- 项目完成后收集的数据。此时项目交付物没有任何不确定性（交付的功能个数、工期和所达到的质量标准）。

- 将这些信息集成到生产率模型中以改进模型的性能。

在工业领域很难进行模型改进，在软件行业更是鲜少有人尝试。

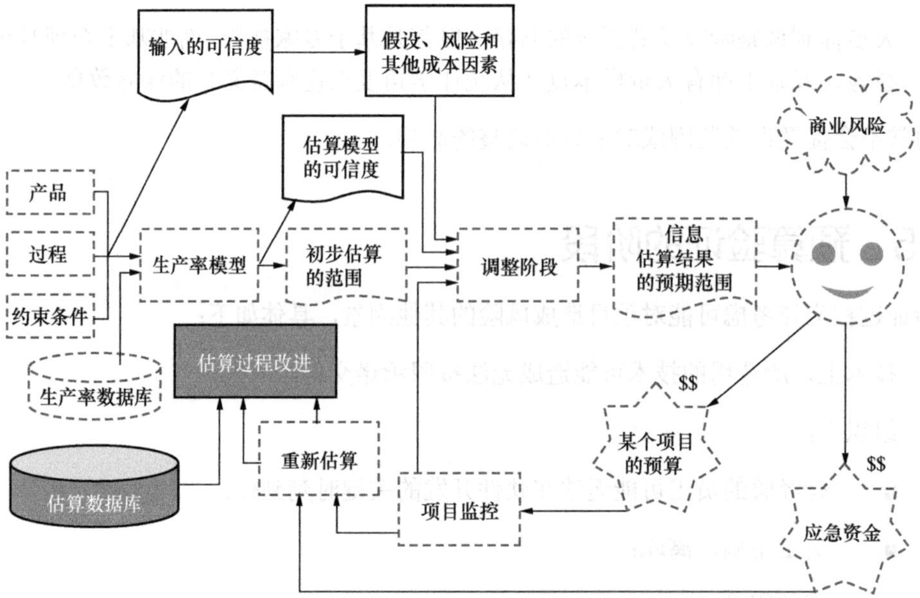

图 4.5 包含反馈环的估算全流程（以及历史项目估算值数据库）

其面临的众多挑战有以下几类。

- 几乎没有单点值的预算。实际上，因为软件行业的估算过程并不尽如人意，在项目生命周期中经常对项目预算进行重估。
- 通常没有记录过估算过程的输入信息，输入的质量和完整性既没有记录，也没有分析过。
- 没有全面记录估算过程中所做的假设。
- 项目生命周期中的“范围蔓延”鲜少被度量或控制，详见贯穿整个项目周期的 SouthernSCOPE 方法[Victoria 2009]。

理论上，以上提到的所有估算过程的信息都应该记录到资产库中，并之后用于评估此过程的性能。

项目结束时，应该把实际预算和估算值（不仅是工作量，还有其他产品度量数据）进行对比，以便得到估算过程质量情况的反馈。据此可以得到如下有价值的信息。

- 当前估算过程的质量和预测能力的记录。
- 对估算过程本身的改进。
- 培训，用估算过程的各个步骤作为案例。

实际数据应该反馈给模型以便改进。本步骤作为最后一步包含在图 4.5 中，是从验证的角度使得整个估算过程更完整。

进阶阅读：估算验证报告

整个估算过程及其所有模块应该是可验证、可审计的，并且已经经过审计的。本章将展示质量评估报告的结构。该报告是对图 4.5 的估算全过程的评估。该报告应该包括如下验证章节。

（1）估算过程的输入。

（2）估算过程中所使用的数学模型的输出。

（3）调整阶段的输入和输出。

（4）在单个项目、项目组合级所做的决策，以及验证这些决策的基础。

（5）对商务决策过程的重新估算和验证。

1. 对直接输入（自变量）的验证

在估算过程中使用生产率模型直接输入的质量，需在验证环节中记录，详细内容参见 4.2 节。

在本章中，由于文件的准确性和完整性将影响待开发软件的功能规模，应按照如下方式提供。

- 文档的状态将作为度量的基础：
  - 最终版的软件需求规格文档（比如，已评审且通过审批）；
  - 粗颗粒度的需求草稿（还没被评审和批准）；
  - 其他状态。
- 当功能规模是近似得到的而不是精确度量得到的，其预期的偏差范围。
- 生命周期活动，如可行性研究、策划、分析等。

- 功能规模度量人员的经验。

……

2. 对生产率模型使用过程的验证

关于生产率模型质量的记录应该可以获取，参见第 6 章。

应将待估算项目和设计该生产率模型所用的项目进行对比：

- 当待估算项目的背景和规模区间不同时，使用该模型将会引入其他不确定性，应该做一下记录；
- 当待估算项目的背景和规模区间相同时，模型本身的质量信息可以用于描述其估算结果的预期偏差范围；
- 当输入值是近似的（而不是精确度量得到的），则存在不确定性和生产率模型输入数据的不完整问题，此时必须分析额外的偏差范围。

3. 调整阶段的验证

验证报告应该记录以下内容：

- 调整生产率模型输出过程中的所有输入信息；
- 估算的实际执行者和高层经理在提交项目估算结果并做出承诺前所做的调整的理由；
- 这些调整的预期影响，以及估算结果中的预期的额外偏差区间。

与历史估算数据库作比较。

理想情况下，应该有一个历史项目估算结果的数据库，包含：

- 迭代的估算结果；
- 每次增量变更的详细信息有项目输出物的变更、生产率因子的变更。

在编写估算可信度报告时，对历史项目特征的分析有助于提供更深入的了解。

完整性检查：应该对估算结果的范围和所做的调整进行完整性检查，即将其与估算执行人员的估算值进行对比，详见第 7 章。

4. 对预算阶段的验证

预算阶段的输入应该是高度透明的，包括以下书面记录：

- 关键假设；
- 不确定性因素；
- 风险因素；
- 估算过程结果的建议使用方法。

（1）不确定性因素：在整个项目周期中，估算做得越早，估算过程的所有输入条件的不确定性越强。这一点应引起足够重视。

（2）预算结果的建议使用方法。

预算过程的结果报告应客观、清楚地描述：

- 对被估算项目当前所处的生命周期阶段进行公正的评价；
- 在决策流程中，对估算范围和预算场景结果的建议使用方法。

例如，在预算报告中，业务经理应提出建议，即基于目前的信息质量可以进行哪些类型的决策，比如：

- 粗略的预算拨款（确保对高优先级事项保证足够的资金支持）；
- 仅对项目的下一阶段拨款（当产品描述不完整或不稳定时）；
- 拨款至最终阶段（当产品描述具体且稳定，能够对其做全面的承诺时）。

估算人员应该强调估算过程的本质实际是一个不断迭代的过程。

本验证报告应该记录：

- 进行决策时考虑到的其他因素；
- 项目级的决策结果；
- 项目组合层级的应急方案和确定应急方案的策略。

5. 重新估算和验证商务决策过程

需要花费相当长的时间并积累相当多的项目，才可以对商务估算过程进行评价。该评价可以分成两部分。

（1）对于每个项目：合规检查（由估算执行者判断），包括风险评估和对这些风险的管理、利益评估及对这些利益的管理。

（2）对于项目组合层面：合规检查（由估算执行者判断），包括风险评估和对这些风险的跨项目的管理、利益评估及对这些利益的跨项目的管理。

此评价从公司的战略角度来说非常重要，但是不在本书的探讨范围内。

4.7 练习

1. 对估算过程的所有验证活动是否能在同一时间执行，应该按什么顺序执行？
2. 对估算过程输入变量的验证应该包含哪些？
3. 如果使用了内部生产率模型，应该做哪些验证？
4. 如果使用来自工具厂商的估算模型，应该做哪些验证？
5. 如果估算模型是从书中或网上免费得到的，应该怎样验证？
6. 在估算过程的调整阶段应该进行哪些验证？
7. 当项目进行预算决策时，应该记录哪些信息？
8. 为了分析项目估算结果的性能以及改善整个估算过程，应该记录哪些信息？

4.8 本章作业

1. 记录你的组织在估算过程中的质量控制措施。
2. 识别你的组织在估算过程中的强项和弱项。
3. 对你的组织的估算过程，识别改进项的优先级。
4. 对优先级排前三位的改进项制订行动计划。
5. 设计一个针对生产率模型的质量保证模板。
6. 设计一个针对估算全流程的质量保证模板。
7. 从文献中挑选 3 个估算模型。尽管作者可能声称他们的模型是用于估算的，这些模型是否是基于生产率研究得到的，还是仅仅基于个人想法？如果是后者，你会在多大程度上相信这些模型可以满足估算目的？
8. 将软件估算文献中推荐的验证步骤与图 4.5 的验证步骤对比，请说明它们的相同点和不同点，并识别该模型的强项和弱项。

9．过去一年里，你的组织在分析生产率模型质量和估算过程质量方面都做了哪些事情？为什么？是否是因为估算结果在你的组织中很重要（或者不重要）？

10．如果在生产率模型中没有包含成本因子，如何进行估算？

11．如果在生产率模型中没有包含风险因子，如何进行估算？

12．请识别在做项目预算分配时，商业决策固有的倾向。每种倾向，对项目经理和项目成员的影响是什么？

13．对于组织的生产率模型和估算过程，如何把潜在的范围变更考虑在内？如何在项目执行过程中管理和控制范围变更？

第5章

验证用于建模的数据集

本章主要内容

- 对用于建立生产率模型的数据集质量的验证；
- 对作为输入的自变量分布类型的验证，包括图形化和统计分析以及离群点的识别；
- 对用转换公式得到的输入值的验证。

5.1 概述

使用任何一门技术时，了解其质量和性能水平是很重要的。生产率模型也是同样的道理，不管是通过统计技术得到的还是基于经验判断。

本章的重点内容是对用统计技术生成的生产率模型输入变量的验证。

虽然本书并不重点研究专家经验法的估算，但本书中的大部分概念，在这一章都是同样适用的。

下面提到的很多验证步骤都应在建立生产率模型之后再执行，且验证结果应提供给使用模型的人，以便于他们在独特的约束条件下进行具体的项目估算。

一个基于统计技术的生产率模型包含以下内容，如图5.1所示。

（1）输入，即自变量数据集和因变量数据集。

（2）所采用的统计技术的具体步骤。

（3）输出结果，包括：

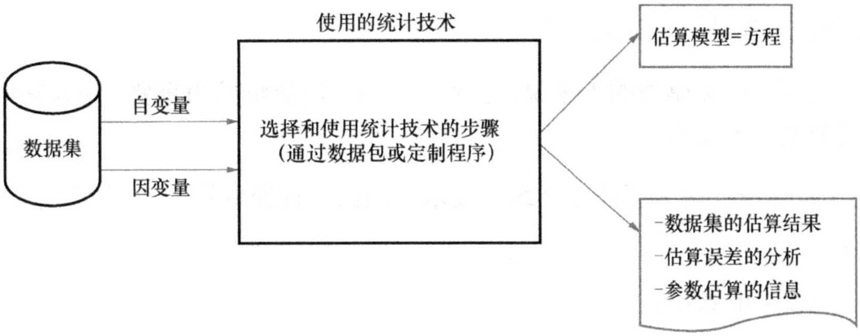

图 5.1 估算模型流程图

- 生产率模型的数学公式；
- 数据集的估算结果；
- 模型基于原始数据集的估算偏差。

因此，为了正确使用统计技术需要进行以下 3 种不同的验证。

（1）对数据集中输入变量特征的验证：

- 以便了解数据集本身；
- 以便确保满足所用统计技术的前提条件。在统计检验结果的分析中经常遗漏这一点，即只有在满足所用统计技术的前提下，这些输入数据才是有效的。

（2）对所执行的统计技术步骤是否正确的验证：

- 如果用的是市面上流行的统计学软件，可以跳过此步骤；
- 如果用的是定制的软件，应进行全面、充分的检验。

（3）对输出变量特征的验证：

该步骤可帮助了解此生产率模型输出结果的真实统计显著性。

本章的重点在于验证或将用于构建立生产率模型的输入。

5.2 对直接输入的验证

5.2.1 验证数据定义和数据质量

本节将讨论在确定生产率模型输入的相关性和质量时，需要分析的各个方面的内容，即生产率模型的自变量和因变量。

- 对于使用生产率模型的人来说，了解这些输入的质量尤为重要，因为它们将严重影响模型输出的质量。

所有基于数学原理的估算技术（统计技术、回归、神经网络、实例推理技术等）都具备以下两点：

- 使用所提供的数据；
- 假设这些输入都是正确且可靠的。

因为模型和技术无法识别有问题的数据，因此便会引起是否要由模型建立者或模型使用者，或他们双方共同保证他们所用的估算技术及其模型的输入的质量。

俗话说："垃圾进，垃圾出"，对于建立和使用估算模型也是同理，参见下面的框图。如果估算过程的输入就是很不准确的（质量不高），怎么能期望有一个"准确"的估算结果呢？

"垃圾进，垃圾出"	如果用于建立生产率模型的数据质量很差（不管是数据本身，还是所使用的统计技术），就不能期望会有好的输出结果： ● 可以通过模型计算出数值，但是，如果输入的数据是垃圾，则没理由期望输出的结果很完美！ ● 只有在满足一系列相当严格条件的情况下，使用统计技术得到的数值才是有效的，并且可以准确且真正代表所要建模的现象（所要估算的特定项目的类型）。

低质量的数据案例	● 某些地方数据缺失，比如，没有记录加班工作量； ● 数据收集时间明显滞后，比如，工作量数据是在项目完成后凭大家回忆收集的，这种方式收集的数据质量比每日收集的数据质量低很多。 充分理解每个输入参数的具体定义，以及在数据收集过程中可能导致数据有特殊和显著偏差的特征，是很重要的。

ISBSG 数据定义案例	完善的数据定义及其相关收集过程的案例详见第 8 章，尤其是对于工作量数据和规模数据的案例。

5.2.2 验证度量数据刻度类型的重要性

模型是基于数据建立的。

当然，不是所有数据（度量元）都是同样重要的，尤其是在软件工程行业，对软件的度量还处于初级阶段：数据如果作为模型的基础，必须具备正确的特征值。

在软件实践中，只要“某个事物”用数字量化表达了，它就被称为是一个“度量值”，而在软件领域中，大多数人一看到数字形式就会自动假设这个数字是绝对没问题的，即：

- 数字必然是准确的；
- 数字必然是相关的；
- 数字所表达的含义对收集者和使用者是一致的。

然而，不是所有的数字都能进行数学运算（加减乘除）：

- 在能力成熟度模型中，数字 1～5 只代表顺序编号，来区分不同的成熟度等级；
- 但是，当同样的数字序列 0～5 在功能点分析中用于表示 14 个通用系统特征，并且要将影响因子相乘时，毫无疑问是不适合进行这样的数学运算的（见 Abran 2010《Software Metrics and Software Metrology》，第 8 章）。

<table>
<tr>
<td>成熟度模型——能力等级模型</td>
<td>关于著名的软件能力成熟度模型等级所用的数字 1～5：
● 它们不是定比型数据，而定比型数据是允许数字运算的。因此，它们并不能进行数学运算；
● 尽管通过数字表达等级，这些等级只代表定序类数据，严格地说，2 级只意味着比 1 级成熟度高，而比 3 级成熟度低。
数字 1、2、3 在这种情况下只代表顺序，它们甚至不能代表每两级间的间距是一样大的。</td>
</tr>
</table>

对于建立生产率模型所使用的每个数据，都应该明确识别和了解其刻度类型：

- 定类；
- 定序；
- 定距；

- 定比。

定比数据可以进行相加和相乘，但其他刻度类型并非都可以进行这种操作。因此，当变量用于统计技术的输入时，必须考虑每个变量的刻度类型[Abran 2010; Ebert et al. 2005]：

- 像功能规模这样的变量，已量化为国际标准，比如 COSMIC-ISO 19761 度量方法，是定比变量，可以用于统计回归；
- 像编程语言这样的变量，是定类变量，不能直接用于统计回归。在这种情况下，需要引入虚拟变量以便代表编程语言的所有分类值，参见第 10 章。

单个属性的度量：基本度量元

一个实体（包括物理对象或虚拟概念）的单个属性，或特性，一般由基本度量元来度量。在科学和工程领域，计量学领域已经发展了几个世纪，以确保对单个属性的度量质量。

在 ISO 的国际计量词汇表（International Vocabulary of Metrology，VIM）[ISO 2007b] 中，基本度量元的质量标准被定义为：

- 准度；
- 精度；
- 可重复性；
- 可再现性；

……

VIM2007[ISO 2007b]中的 ISO 计量学定义	**准度**：度量得到的数值与其真正数值的接近程度。 **精度**：在某一具体环境下，对同一个或同类对象多次度量得到的指标或测量值之间的接近程度。 **可重复性**：在一系列可重复度量条件下的度量精度（一系列条件包括同样的度量步骤、操作者、度量系统、操作条件和地点；在此条件下对同一个或同类对象在短时期进行多次度量）。 **可再现性**：在可再现度量条件下的度量精度（一系列条件包括不同地点、操作者、度量系统；在此条件下对同一个或者同类对象进行多次度量）。

计量学领域也认识到度量结果总是带有一定程度的不确定性，以及各种类型的错误，如系统性错误、随机错误等。

此外，在计量学中对国际度量标准——校准器进行了研究，以保证度量结果在跨国家和跨背景的情况下也是一致的：千克、米、秒等。

设计合理的基本度量元度量方法有以下两个重要特征：

- 由单一度量单位表达；
- 不会在特定背景下解读用此度量方法得到的数字，而是通过国际标准校准器进行追溯。

这样做的好处很明显。

度量结果不是只在赋予其定义的一小群人中有意义，而是基于国际标准的度量：

- 允许跨团队、组织和时间的比较；
- 提供客观比较的基础，包括对目标的比较，而个人定义的度量元，则会阻碍跨团队和组织的客观比较，从而阻碍监督和客观担责。

5.3 图形化分析——一维

输入值可以在表格中展示，表格中也可包括一些统计数据，比如均值、中位数和标准差。

不过，图形化的展示则让人更容易理解，不管是通过一维还是二维的双坐标展示。

一维图形分析通常可以为用户提供所收集数据的直观感受，每次一个数据字段。

根据数据集的可视化分析，一般可以确定数据点的大致分布，形式如下：

- 数据区间，如最小值、最大值；
- 数据离散程度和数据在区间内的密度，如数据点大量集中的区域、数据点分散的区域、没有数据点的区域；
- 正态分布，如偏度、峰度、正态性检验等；
- 一维角度下的可能离群点；

……

表 5.1 展示了一组 21 个样本点的案例，其功能规模（用 COSMIC 功能点表示）和工作量（用 h 表示）。在表 5.1 中，数据都放在一起，按项目编号顺序排列，表格最后

是简单的汇总统计值。

- 平均功能点数：73 个 COSMIC 功能点（CFP）。
- 平均项目工作量：184h。

表 5.1 工作量和功能点（N=21）数据集

数据编号	功能规模-自变量（CFP）	工作量-因变量（h）
1	216	88
2	618	956
3	89	148
4	3	66
5	3	83
6	7	34
7	21	96
8	25	84
9	42	31
10	46	409
11	2	30
12	2	140
13	67	308
14	173	244
15	25	188
16	1	34
17	1	73
18	1	27
19	8	91
20	19	13
21	157	724
总计（N=21）	1526	3867
平均（N=21）	**73**	**184**

图 5.2 展示了 21 个项目的数据，横轴是功能规模（CFP），纵轴是工作量（h）。我们

可以看到：

- x 轴上，大部分项目规模在 0～200CFP，而有一个特别大的项目，规模超过 600CFP；
- y 轴上，大部分项目工作量在 30～400h，而有两个项目的工作量超过 700h。

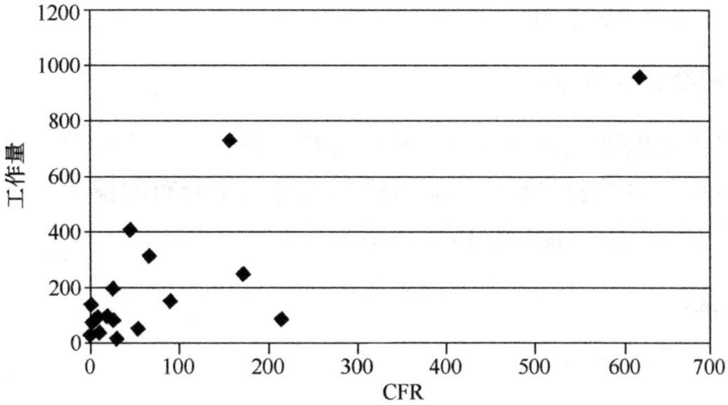

图 5.2 表 5.1 的二维图形展示

学习要点：一定要通过画图理解数据。

5.4 输入变量的分布分析

5.4.1 识别正态（高斯）分布

一些统计技术要求输入数据必须是正态分布（高斯分布，见图 5.3）。这就要求输入变量的分布要经过验证，以便判断是否是正态分布。

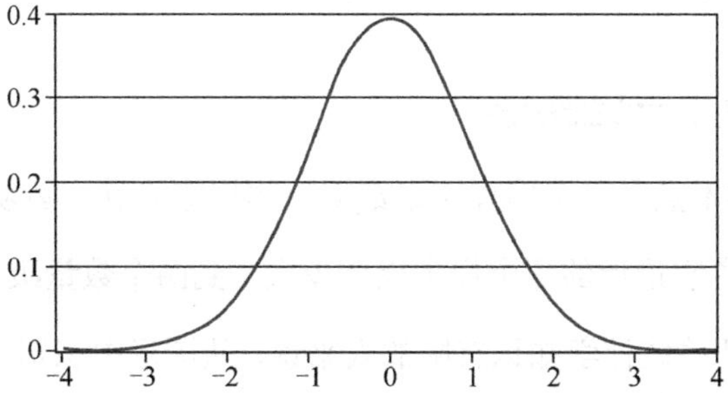

图 5.3 高斯（正态）分布的例子

软件工程数据库常常包含大量的小项目、少量的大项目和超大项目。这样的数据一般是不会服从正态分布的。

验证一组数据是否正态的检验有：

- 标准差；
- 偏态和峰度（见 2.3 节）；
- 正态分布和统计离群点。

举例来说，可以用偏度统计量（b1）和峰度统计量（b2）来检验一个分布是否是正态的。再进一步可以用混合检验（K2），能够检测到与正态分布的偏差，不管是由于偏度还是峰度引起的。其他在文献中提到的检验包括：

- Grubbs 检验；
- Kolmogorov–Smirnov 检验；
- Shapiro–Wilk 正态性检验（比如，当 W 远小于 1 时，正态性假设不成立）。

5.4.2 节将会展示对表 5.1 中的两个变量，使用以上这些方法进行正态性检验。

非正态分布对于实践者意味着什么?	非正态分布不意味着得到的回归模型是没用的。 但是，它能够让实践者明白，回归模型在变量的整个分布区间内不是具有同等代表性的。 当然，模型在数据点较多的区域更有代表性，而在数据点稀少的区域较不具备代表性。 如果是非正态分布的一组数据，在任何情况下都无法推测生产率模型在样本点区域外仍然有效。

5.4.2 识别离群点：一维图形

离群点，即输入样本点中显著偏离这组数据总体均值的点，必须被筛选出来。

- 离群点一般比离它最近的那个样本点至少大一到两个数量级。
- 一般地，对于那些统计学知识有限的人来说，从图形中识别离群点比从表格中（见表 5.1）识别更容易。

图 5.4 和图 5.5 展示的是自变量规模和因变量工作量的一维视图，分别对应表 5.1

中的数据。

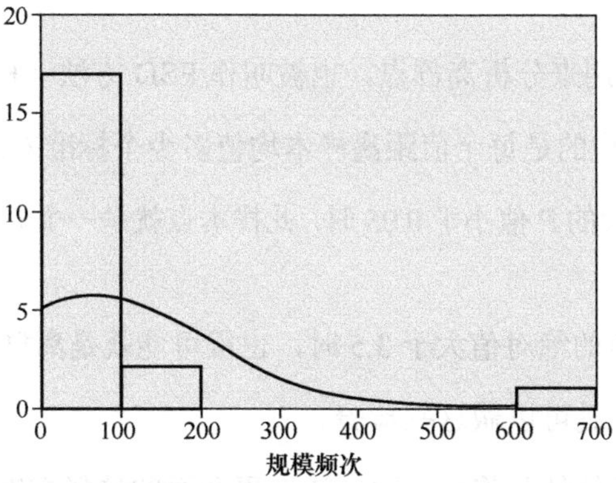

图 5.4 规模（自变量）的频次分布，数据来自表 5.1，N=21

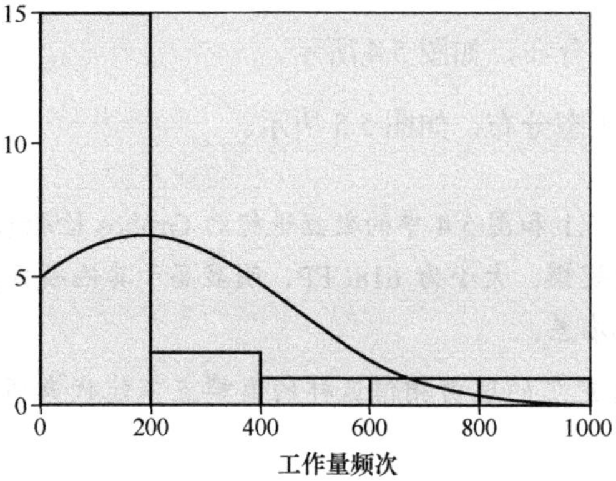

图 5.5 工作量（因变量）的频次分布，数据来自表 5.1，N=21

从图 5.4 中可以观察到：一个超过 600CFP 的项目与其他项目距离很远（大概比次之项目大了 3 倍）。

从图 5.5 中可以观察到：图 5.5 中一个将近 1000h 工作量的项目与其他项目距离很远，所以这个项目就是一个离群点，需要通过适当的统计学检验来确认。

软件行业的数据，其分布常常是向左倾斜（峰值右偏）。

- 经常存在很多小项目（不管是工作量还是规模方面），大项目相对较少。
- 负值不管是对规模还是工作量来说都是无实际意义的（而且如果发现这种负值，基本就说明数据质量较差）。

有了对离群点的直观感觉，下一步就是进行相应的统计学检验来验证其是否真的是统计意义上的离群点。

- Grubbs 检验可以用来分析离群点，也被叫作 ESD 方法（极端学生化分布偏差）。
- 学生化分布值度量的是每个值距离样本均值多少个标准差。
  - 当 Grubbs 检验的 P 值小于 0.05 时，此样本点就是一个显著的离群点（显著性水平 5%）。
  - 当修正的 Z 值的绝对值大于 3.5 时，也很可能就是离群点。

网上有很多统计学工具可以做这些检验。

当然，专业的统计学软件包将提供更广泛、更全面的选择方案和帮助。

表 5.1 中的数据，做 Kolmogorov–Smirnov 检验的话将会显示：

- 规模变量不是正态分布，如图 5.4 所示。
- 工作量变量不是正态分布，如图 5.5 所示。

识别图 5.1 中的离群点

对表 5.1 和图 5.4 中的数据进行的 Grubbs 检验表明，项目 2 的第一个变量即功能规模，大小为 618CFP，明显高于其他项目：它比平均值 73CFP 高出 3 个标准差。

当有充足的理由相信这样的离群点不能代表所研究的数据时，应将其剔除。

当项目 2 被剔除后，根据 Kolmogorov Smirnov 检验，剩下 20 个项目的样本规模为正态分布，其检验结果 P 值很显著（高）。

对第二个变量即工作量，进行 Grubbs 检验显示：项目 2（956h）和项目 21（724h）距离其他样本点都非常远：从表 5.1 和图 5.5 中，可以度量出这两个项目跟均值 184h 的距离是两倍西格玛（变量的标准差），说明这两个项目可以在本次研究中作为离群点处理。

如表 5.2 所示，当排除这两个样本点后，功能规模和工作量的均值都有明显降低：工作量均值从 185h 降到 115h，功能规模均值从 73CFP 降到 40CFP。

删除这两个离群点后，两个变量分布（N=19）都更接近正态分布，见表 5.3。根据 Kolmogorov–Smirnov 检验：P 值（这里 P=0.16，高于阈值 $P<0.05$）不显著（高），则我们可以假设变量是正态分布。

表 5.2 离群点的影响分析

统 计 值	工作量（h）	功能规模（CFP）
总计（$N=21$）	3867	1526
均值（$N=21$）	184	73
总计（N=19）排除离群点项目 2 和项目 21	2187	751
均值（$N=19$）	115	40

表 5.3 正态分布的 Kolmogorov–Smirnov 检验——排除离群点后的数据集：N=19

变 量	N	D	P
工作量	19	0.27	0.16
CFP 值	19	0.28	0.10

5.4.3 log 变换

如果变量不服从正态分布，线性回归的基础条件会比较薄弱，因此我们可以尝试进行数学变换。

经常进行 log 变换得到正态分布，不管是对规模还是工作量，或者两者同时。

图 5.6 展示的是一个初始呈楔形的项目工作量和工期数据集；图 5.7 是两个坐标轴都进行 log 变换后的图形[Bourque et al. 2007]。

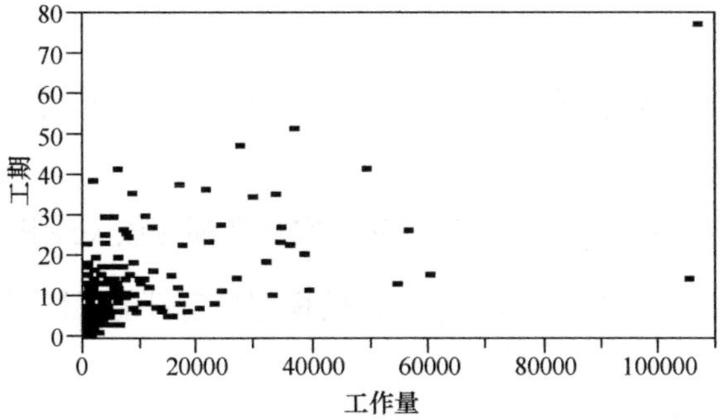

图 5.6 项目工作量和工期散点图（N=312）

（Bourque 等 2007，经 Springer Science+Business Media B.V.许可后引用）

- 一方面，log 变换经常会使数据转变为正态分布，以便满足回归模型的正态性假设，同时也可使得变换后的数据与变换前相比，有较高的回归模型判定系数。

- 另一方面，隐藏在数据分布中的不足仍然存在，必须在实际分析和使用过程中考虑此类模型的质量隐患。

对于软件工程的实践者来说，这些变换并非十分有用。

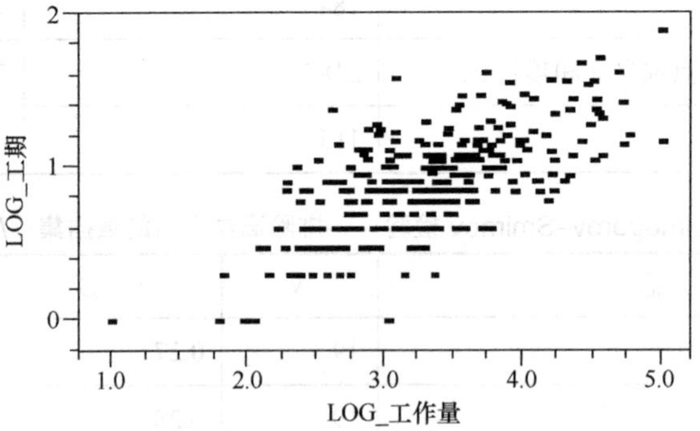

图 5.7 将图 5.6 进行 log 变换后的 log_工作量和 log_工期

（Bourque 等 2007，经 Springer Science+Business Media B.V.许可后引用）

- 原始数据集中的巨大数据缺口仍然存在，log-log 式模型（也包括非对数转换的模型）并不会弥补上这个缺口。
- 因此，不应该在自变量存在如此缺口的情况下，使用这样的生产率模型来推断因变量。

实际应用这些 log 估算模型得到的结果，需要把数据反变换回它们原来的形式：实际上，软件工程师和经理们是用小时、天或月来度量工作量的（而不是 log 小时、log 天或 log 月）。

- 并且在数据没有被转换前，相比较转变为 log 形式后，更容易理解原始数据中真正的误差大小。

不论目的如何，当遇到 log 变换的模型时，实践者都应该关注其质量。

- 这种情况应该立刻引起警惕，log 形式的模型质量可能远低于常规刻度的模型。

5.5 图形分析——二维

多维图形分析可以让人直观地了解到自变量和因变量的关系。图 5.2 展示了 21 个项目的关系图，排除两个离群点后的图形如图 5.8 所示。

注意两个图的坐标轴尺度不一样。

- 对于 N=21 个项目的全集数据（见图 5.2）：规模从 0 到 700CFP，工作量从 0 到 1200h。
- 对于 N=19 的排除离群点的数据（见图 5.8）：规模从 0 到 250CFP，工作量从 0 到 450h。

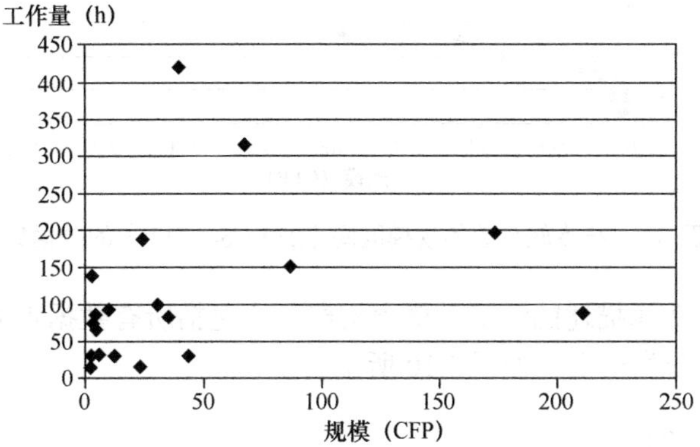

图 5.8 排除了两个离群点（N=19）的数据集

从图 5.8 中可知，删除统计离群点后，回归模型的斜率有显著改变。如果删除某离群点对斜率没有影响，那它不一定是一个离群点。

其他的图形分析可基于开发过程中常见的各种概念来帮助识别多个子模型，如第 2 章、第 10 章、第 12 章中的介绍。

- 自变量数据点的候选子集（不同的样本），尤其是规模经济和非规模经济数据点的子集。
- 是否应该根据数据点密度把一个样本划分为两个子集：
  - 某范围内密度较大的样本（通常是小规模至中规模的项目）；
  - 在某个较大范围内较为分散的大项目样本。

这类图形分析方法将会帮助实践者决定是否要在没有数据点的区间内建立模型，如图 5.9 所示。

- 大部分的数据点都在 0 到 100CFP 规模区间内；
- 在 100～400CFP 中，数据点较分散；

- 在 400～600CFP 中，没有数据；
- 在 600～800CFP 中，数据点较分散。

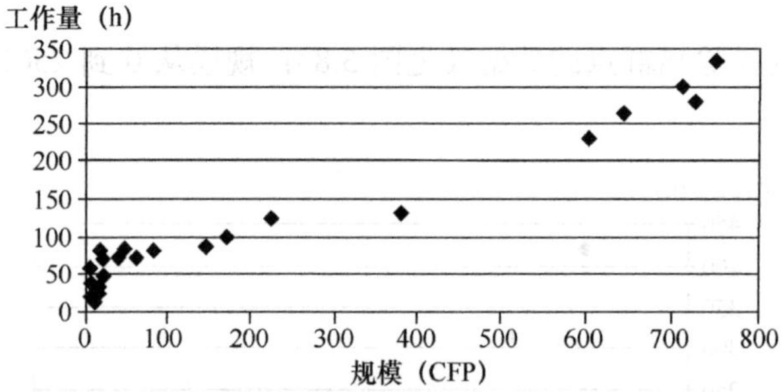

图 5.9 样本较分散的规模区间（250～600CFP）的数据集

虽然可以使用第 2 章描述的经济学概念构建一个包括所有数据点的单一生产率模型，当然也可以建立 3 个分类模型，如图 5.10 所示。

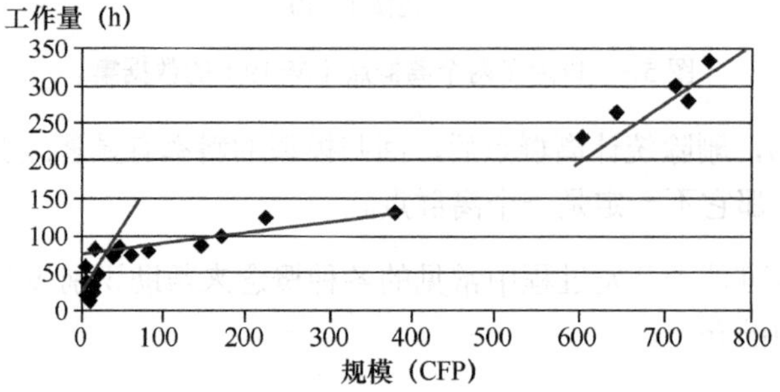

图 5.10 不同规模区间的生产率模型

- 对于小项目（1～30CFP）：非规模经济及可变的工作量；
- 对于中项目（30～400CFP）：大规模经济（固定的工作量，且随着规模的增长工作量的增幅小）；
- 对于大项目（600～800CFP）：部分规模经济（固定的工作量，比中项目大）。

重点内容	在这个特殊的例子中，每个规模区间都没有足够的项目可以支撑模型是统计学上有意义的，但是通过图形分析，并基于特定软件组织的特点，可以帮助我们逐渐建立更加合理的生产率模型。

5.6 经转换公式得到的规模输入

很多软件估算模型和软件工具，不管是各种文献中提到的，还是来自工具厂商的，其输入变量都指定为代码行（LOC），并且是先估算了代码行。

随着 20 世纪 90 年代功能点方法的逐渐流行，出现了很多针对多种编程语言将 FP 转换为 LOC 的转换比率。这些转换比率可以将功能点用于旧的生产率模型的输入。这些转换比率可以在网上查到，并且使用起来也很简单。

但是，这种又快又简单的方法真的能改进估算过程的质量吗？

事实上，不管是实践者还是研究人员在做估算时都需要极其小心地对待这些转换因子，尤其要小心那些需要使用 LOC-FP 转换比率的估算模型。

公开发表的转换比率为某一编程语言的代码行数对应的“平均”功能点数。然而，如果不了解情况，使用平均值进行决策是很冒险的，需要了解上文所提到的所有例子（抽样的规模、统计偏差、离群点、背景信息等）。

图 5.11 展示的是两个均值相同的正态分布，但它们的标准差有很大差别：

- A 分布的数据点分布在一个相当宽的跨度内；
- B 分布的均值是相同的，但峰值高很多，意味着大部分数据点都离均值比较近。

如果用 B 分布计算转换系数，那么从代码行转换成功能点，其转换系数背后的均值只会引入很小的偏差。

相反地，用图 5.11 中 A 分布的均值做转换系数的话，引入的偏差会很大，这会导致不确定性增加（而不是减少），这对估算来说很危险。

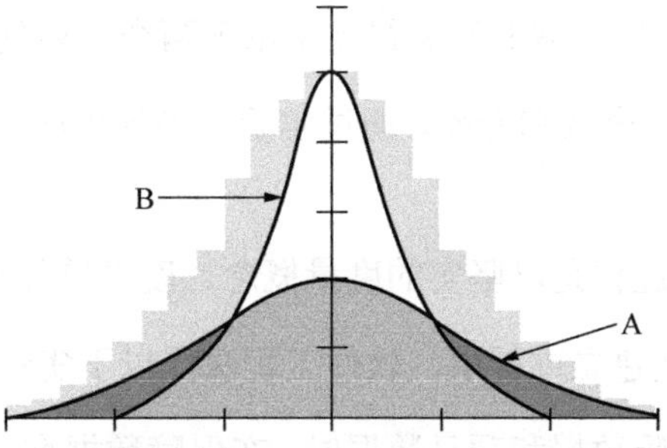

图 5.11 均值相同，但偏差显著不同的两条曲线

如果没有样本规模和偏差数据的信息，这些公开发布的转换因子仅仅是数字，而没有任何内在质量，也不能用于决策。

5.7 总结

目前为止，还没有可靠的、有记录的可以针对多语言从功能点到 LOC 转换方面的统计研究。

这类转换因子既然没有文档证据，就无法获得来自专业人士的支持。

同时，由于部分信息缺失，使用这种转换因子便更加不可靠：

- 计算转换因子的样本规模未知；
- 公布的均值的统计偏差未知；
- 数据集是否存在离群点未知；
- 公布的均值中，没有说明引起显著偏差的潜在原因。

总结

基于以上原因，除非一个组织具备专业的统计分析师，且他具有相关领域的知识，并在进行决策分析中充分考虑到这些不确定的信息，不然使用这些比率是非常鲁莽的，而且风险系数很高。

进阶阅读：度量和量化

1. 介绍

生产率模型在科学和工程领域的发展得益于以下两个主要优势：

- 投入了大量的时间、金钱和专家，通过实验法确保生产率模型的质量并且记录其局限性；
- 生产率模型的设计过程是以坚实的度量概念、度量单位和度量工具为基础的。

相反地，在生产率模型建立过程中，软件工程深受以下劣势困扰：

- 软件度量在收集实验数据和项目数据时，在保障数据准度、可重复性和可再现性方面的基础很薄弱；

- 对这些生产率模型中的数字的属性缺乏关注；
- 缺乏对生产率模型的实验性验证。
    - 提供给实践者使用的模型一般并不是基于合理且有完整记录的实验数据。
    - 太多的模型都是基于个人意见和理论，而没有经过量化地和独立地验证。

在进阶阅读部分介绍一些在理解这些度量数据的优势和劣势所需的关键概念，这里的度量数据作为生产率模型的输入数据，详细内容请见《Software Metrics and Software Metrology》[Abran，2010]。

2. 基本度量元和派生度量元

在国际单位制中有 7 个基本度量元，如下：

- 描述时间的秒；
- 描述长度的米；
- 描述重量的千克；
- 描述电流的安培；
- 描述热力学温度的开尔文；
- 描述发光强度的坎德拉；
- 描述物质的量的摩尔。

基本度量元不能用其他度量元表达。派生度量元是基本度量元的组合，其定义依照惯例是代表多个兴趣概念的组合。

基本度量元的例子	时间和距离都是基本度量元：代表着用标准校准器测量出的秒和米，测量对象是业界达成一致的概念。

派生度量元的例子	• 速度被定义为某段时间内行驶的距离。因此，它是一个由距离和时间组合的概念，量化为这两个基本度量元的比值。所以，速度是一个派生度量元。 • 地球的重力加速度被定义为 $G = 9.81\ m/s^2$。

这一派生度量元的计量学属性直接取决于组成它的基本度量元。

因此，对速度的度量准度取决于对时间和距离的度量准度，重力加速度的准度取决于长度和时间的准度。

我们可以观察到派生度量元有以下两个很重要的特性：

- 它们以多个度量单位的组合形式表现；
- 通过一系列度量步骤得到的数值并不是用于在某一特定的度量环境下解读，而是要追溯到基本度量单位，而基本度量单位是用国际标准校准器得到的。

软件工程师应该注意以下几种情况：

- 没有完备定义度量单位，比如圈复杂度个数，在进行数学运算时会出现歧义（见《Software Metrics and Software Metrology》第 6 章，[Abran，2010]）；
- 数学运算没有考虑度量单位，比如 Halstead 的“工作量”矩阵（见《Software Metrics and Software Metrology》第 7 章，[Abran，2010]）。
- 软件度量元中包含了很多对非定比数据的非法数学运算度量，比如用例点数（见《Software Metrics and Software Metrology》第 8 章，[Abran，2010]）。

3. “感觉良好”的校准和权重分配

在软件度量方法和软件生产率模型中，经常使用调整因子来合并和集成一系列概念。然而，反观这些调整因子，它们既没考虑度量单位，也没考虑所谓尺度类型，而经常用个数代指，例如，对象个数、用例个数等。

“软件度量”或估算模型中的校准一般由多个因子组成，有多种方法量化这些因子，也有多种办法将多个因子合并为一个值来代表对整个估算方程式的校准量。通常由个人或小组来制订这些校准。

从小组角度进行校准的一个例子是在第一代功能规模方法中对规模做的校准，通过 14 个调整因子以及线性变换对功能点进行校准。选择这个例子是因为其结构引起很大变化，不仅是在功能度量方法上，也包括估算模型本身。

在这种校准方案的设计上，存在很严重的方法上的缺陷，因为采用了不同的尺度类型来量化各个因子。

（1）14 个因子被分为 5 个等级：

- 当没有某个因子时，等级为 0；
- 当某个因子达到最大值时，等级为 5；

- 还有其他准则来定义处于中间的 1、2、3、4 各个等级。

这种从 0 到 5 的分类是一个序列，后一个值大于前一个值；但是，分类的间隔通常是：

- 每个因子内不规则；
- 14 个因子互不相同。

因此，这 0、1、2、3、4、5 并不能作为定比数据处理，而应当作为顺序编号（定序数据的编号）。

（2）在计算校准值的下一步中，前一步的各因子等级要乘以“影响程度”0.1。这一度量步骤又包括很多不正确和不可接受的操作：

- 所有 14 个因子都有不同的定义和不同的区间范围：没有任何理由对 14 个因子都分配 0.1 的权重，同时它们在等级内的间隔也互不相同。
- 相乘操作通常需要数字至少是定比的。在这个案例里显然不是：前一步得到的数值 0～5 不是定比数据，仅仅是顺序编号，是没有精确的量化含义的；它们相加或者相乘在数学上都是无效的。

（3）在最后一步中，将前面步骤得到的所有 14 个因子的数字相加，并形成一个线性变换，以适应未校准的功能规模±35%的影响。

尽管实践者可能“觉得很好”，他们的规模或估算模型考虑了很多因素和特征，这些校准仍然是价值甚微的。

类似的度量方法中所谓“权重”的数学问题还有很多，对这些问题的更多探讨，请见《Software Metrics and Software Metrology》第 7 章，[Abran, 2010]。

（4）数据采集步骤的验证。

只有完备的数据定义和充分的度量刻度类型是不够的。每个组织还要有完善的数据收集流程来保证收集的数据是高质量的。为了达到这个目标，对于数据收集和估算过程的输入应该记录以下信息：

- 每个数据点的原始信息；
- 使用的度量方法和详细度量的步骤；
- 具体背景和度量元、数据收集情况；
- 每个输入变量的数据收集过程的潜在偏差；

- 每个输入变量的误差范围说明。

ISBSG 的数据质量控制案例	请见第 8 章的 ISBSG 数据库管理流程和相应的数据字段的例子，以用于保证数据收集质量，以及对这些数据的文档分析。

5.8 练习

1. 建立生产率模型时，为什么需要验证所有的输入数据？

2. 模型和技术能自己识别出低质量的输入数据吗？

3. 请举出 5 个生产率模型输入质量低的例子。

4. 请举出两个作为生产率模型输入的自变量和因变量的例子。

5. 为什么模型的输入变量刻度类型非常重要？

6. 举例说明对输入变量刻度类型的不当使用。

7. 代表 CMMI®成熟度等级的数字可以做什么数学运算？

8. 生产率模型是基于数字得到的并且会产出数字。在什么情况下，你能够将一个软件生产率模型里的数字相加和相乘？

9. 为什么要在估算时使用国际标准度量元作为输入？

10. 请列出能够改进生产率模型输入数据质量的验证步骤。

11. 怎样检验样本数据是一个正态分布？

12. 为什么服从正态分布对模型来说很重要？

13. 一组数据中的统计离群点是什么含义？

14. 怎样识别一组数据的统计离群点？

15. 请简要说明在实践中使用一个基于 log 变换的模型有什么风险。

16. 表 5.1 中的数据有没有离群点？用图形分析和统计学检验验证你的判断。

17. 使用编程语言的 LOC-功能点转换比率必须满足什么条件？

5.9 本章作业

1. 尝试度量你正在做的软件项目的功能规模。你的度量结果最可能的偏差范围是多少？请阐述。

2. 看一下你的组织中最近3个项目与估算准备相关的文档。请对其所用估算模型（包括基于专家经验的估算）的输入数据质量进行评价。你总结出哪些经验教训？

3. 对软件估算模型进行书面评审。你使用的度量单位都是根据国际标准定义的吗？如果模型没有使用标准度量单位，有什么影响？

4. 在网上找3个公开发布的估算模型，记录其设计者的实验过程。你能多大程度地信任它们？向你的管理层和客户解释你的观点。再次回顾一下支持这一观点的原因，并把它们归类为工程角度或个人意见。

5. 上网找找关于从代码行到功能点（或反过来）的转换因子相关资料。它们记载了哪些质量信息？如果把这些转换因子引入你的估算模型，会额外带来多少不确定性？

5.10 练习——进阶阅读

1. 选择一个软件估算模型。其所要估算的因变量（比如以h为单位的工作量或以月为单位的工期）是否是由自变量（比如成本因子）相加和相乘得到的？

2. 用例个数的单位是什么？其刻度类型是什么？如果用例个数被用作估算模型的输入，有什么影响？

3. 说出3个估算模型中的软件规模的单位。

5.11 作业——进阶阅读

1. 选择两个估算模型。识别每个模型的基本度量元和派生度量元。在这些模型中，如果派生度量不是国际标准度量元会有什么影响？如果使用其他的度量单位，会有什么影响？

2. 所有软件估算模型都使用了规模这个度量元。选择5个模型，列出它们所使用的软件规模度量方法。如果换成其他的软件规模单位，对估算值有什么影响？

3. 用数学公式表示重力加速度。请描述一下要得到公式中各元素间的量化关系需要多长时间或做多少实验；在某特定环境下（比如在火箭发射时）如何度量各个元素，以便确定重力加速度。然后，使用你的组织中在用的软件估算模型，参考之前对重力加速度公式的分析进行分析。

第 6 章

验证生产率模型

本章主要内容

- 评价生产率模型的准则。
- 对生产率模型的假设条件的验证。
- 模型建立者对模型的自我评价。
- 独立评价：小规模和大规模再现的研究。

6.1 概述

本章将介绍一系列判断生产率模型性能的准则。这些准则应记录在案，以便帮助我们从估算区间和模型本身的不确定性等方面判断模型的性能。

为了便于理解，本章列举的所有例子都是简单的一元线性回归模型。但是，本章中讨论的这些准则也同样适用于非线性和多元回归的模型，详见第 10 章。

6.2 描述变量间关系的判定准则

构建生产率模型是为了表示因变量（比如项目工作量）与单一自变量或多个自变量（比如软件规模、团队规模、开发环境等）之间的关系。

本章中，我们将展示由 Conte et al. [1986] 推荐的准则，可用于分析根据某一数据集建立的生产率模型中变量之间的关系。

6.2.1 简单的判定准则

1. 判定系数（R^2）

判定系数（R^2）描述的是因变量的变化中能够被自变量解释的百分比。该系数取值在0和1之间。

- 当R^2接近1时，表明因变量的所有变化都可以用自变量通过模型来解释，即自变量与因变量之间是强相关的。
- 当R^2接近0时，表示因变量的变化无法用自变量通过模型来解释，即自变量与因变量是没有关系的。

2. 估算误差（E）

实际值减去因变量的估算值等于项目的生产率模型误差。

比如，当因变量是项目工作量时，E（误差）是已完成项目的已知工作量（实际值）与模型计算的值（估计值）之间的差异。

$$误差E = 实际 - 估算$$

3. 相对误差（RE）

相对误差（RE）也能够说明模型估计值与实际值的差异，以百分比表示。相对误差既可能为正数也可能为负数，分别代表模型估算偏多或偏少。

$$相对误差\ RE = \frac{实际 - 估算}{实际}$$

4. 相对误差的绝对值（MRE）

相对误差的绝对值（MRE）也代表模型估计值与实际值的差异，以百分比表示。

- 对于完美的估算，其MRE值为0%。

$$相对误差的绝对值\ MRE = |RE| = \left|\frac{实际 - 估算}{实际}\right|$$

$$平均相对误差绝对值\ MMRE = \overline{MRE} = \frac{1}{n}\sum_{i=1}^{n} MRE_i$$

RE和$MMRE$中的重点概念如图6.1所示。

- 每一个星星都代表一个已完成项目的实际数组（规模、工作量）。

- 回归线（见图 6.1 中的实线）代表根据实际结果得到的生产率模型（线性模型上的每个点都代表用横轴规模代入模型估算出的工作量）。

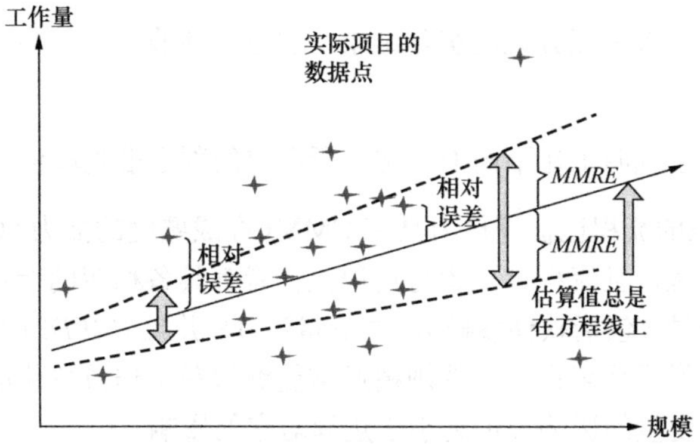

图 6.1 平均相对误差绝对值（*MMRE*）

- 相对误差（实际值－估算值）是每个实际点到估算回归线的距离。
- *MMRE* 是相对误差绝对值的平均值，用虚线表示。
  MMRE 不代表估算误差的极限，只是平均值，因此：
  - 存在某些估算比 *MMRE* 更远离实际值的情况；
  - 也存在某些点比 *MMRE* 更接近估算回归线的情况。

5. 模型预测水平

模型的预测水平 $PRED(l)=k/n$，k 为在 n 个规模样本中 $MRE\leqslant l$ 的项目个数。

对于一个生产率模型，仅对建立此模型所用的数据集可以准确预测是不够的，还应该对这之外的数据有良好的预测结果（可预测性）。而这取决于建立模型时所用的样本数据的数量和质量。为了分析生产率模型的可预测性，必须用建立该模型所使用的项目数据之外的项目来检测模型。

为了进行可预测性分析，模型建立者通常会使用所有项目中的一大部分（比如 60%的项目）来建模，然后用剩余的项目性能（用未参与建模的 40%的项目检验模型）。还有一种方法叫作“留一法”策略，模型是根据 $n-1$ 个数据点建立的，然后用剩下的一个数据点进行检验。这是一个迭代的过程，在每次迭代中留下来的数据点都是不同的。

6.2.2 对判定准则取值的实践解释

实践中，当模型满足如下要求时，可以认为该模型是成功的。

（1）模型是依据高质量数据建立的。

（2）对统计模型所做的假设已被证实。

（3）模型的输出结果能充分说明实际结果，包括在所收集数据范围内自变量和因变量之间关系的不确定性。

接下来的 3 个例子说明了在不同上下文中所期望的判定准则取值。

【例 6.1】 某组织的流程已被评价为具有 CMMI 高成熟度的能力（CMMI 4 级或 5 级）。项目数据来自同质环境，且流程定义者与流程执行者都具备相应的专业技能，建立的模型通常有一或两个自变量（包括软件规模），R^2 变量≥ 0.8 并且 *PRED*(0.20) = 0.80，即在这样的环境下，对于某一类项目来说，软件规模通常能够解释工作量变化的绝大部分，而其他所有因素之和对于因变量的影响都远远小于规模对它的影响。

【例 6.2】 还是在例 6.1 提到的组织中，存在另一个数据集是使用全新技术的项目且开发环境多样。在这种情况下，估算模型的判定准则取值可能要低得多，比如说 $R^2 \geq 0.5$ 且 *PRED*(0.20) = 0.50。可以认为这些值充分代表了这些创新项目的不确定性。因此这有助于管理人员针对这类创新项目识别应急计划。关于应急计划的更多内容请参见第 3 章，包括进阶阅读章节。

【例 6.3】 某组织的软件开发过程相当于 CMMI1 级，这意味着开发过程是混乱的，没有完善的组织流程支持，也没有有效的项目管理手段。在这种开发环境下，项目通常充满风险且无法预测。在这种环境下建立的包含一个或两个自变量的估算模型，通常 R^2 非常低（比如 R^2 <0.5）。

- 如果在这种组织下建立的模型 R^2 非常高（≥0.8），肯定是非常值得怀疑的，因此需要交叉检查输入数据的质量：不一致或错误。
  - 数据集包括一个或多个离群点，经过统计分析这些离群点应该排除在外。
  - 某些数据点的来源可能不够可靠。
  - 数据收集可能没有按照正确的步骤执行。

……

是否存在“好”模型	在软件文献中，当一个模型 75%的观察点的 MRE（平均相对误差）都在 ± 25%之内，或者 PRED(25%) = 75%[Conte et al., 1986]时，经常被认为是好模型。 有时也会用到如下准则：

是否存在“好”模型	$-PRED(20\%) = 80\%$ $-PRED(30\%) = 70\%$ 然而对于这些阈值是没有理论基础的。即使是上述值较低的生产率模型，也可以为组织提供很多开发过程的预期变化和偏差范围的信息。

基于统计分析建立的生产率模型，如果其输入数据质量较高、满足模型的假设且模型可以正确描述所研究的变量间关系以及不确定性时，可以认为该模型是好模型。

简而言之，当模型提供的信息是正确的，而不是提供某个数值或满足某个阈值时，便可以认为该模型是好模型。

6.2.3 更多高级判定准则

一些高级准则在 Conte *et al.* [1986]中有提及：

均方差根：$RMS = \overline{(SE)}^{1/2} = \sqrt{\frac{1}{n}\sum_{i=1}^{n}(\text{实际}_i - \text{估算}_i)^2}$

相对均方差根：$RRMS = \overline{RMS} = \dfrac{RMS}{\frac{1}{n}\sum\limits_{i=1}^{n}\text{实际}_i}$

1．统计参数 *P* 值

模型中自变量的系数可以通过 *P* 值来判断，其 *P* 值代表了模型系数的统计显著性。

一般来说，*P* 值<0.05 被认为是统计显著的。

2．检验模型的显著性

这些检验与变量的显著性有关。

- *t*-检验：该检验解释了某个自变量的系数是否与 0 不同。
  经验法则：如果 *t* 值超过 2，那么系数是有意义的。
- F 检验：对模型整体的显著性进行检验。

3．残差分析

为了评估模型的质量，可以再进行如下 3 种检验：

- 残差是正态分布；

- 残差独立于自变量；
- 残差的方差在因变量的范围内是恒定的。

然而单靠这些检验并不足以验证模型，必须还要确保输入数据的高质量，以及必须满足模型的假设，详见6.3节。

虽然有时在文献中使用这些判定准则，但在实际情况中却很少使用。

6.3 验证模型的假设

在很多关于估算模型的研究报告中，作者都宣称他们的模型可以满足 6.2 节中提到的多个准则。然而，这样还不够。为了确保模型有效，基于统计学建立的模型必须满足基本的统计学假设，详见如下内容。

6.3.1 通常需要的 3 个关键条件

使用简单参数回归技术构建的生产率模型，有如下要求：

- 输入参数服从正态分布，详见 5.4.1 节，包括因变量和自变量；
- 没有严重影响模型的离群点，详见 5.4.2 节；
  - 数据足够多；
  - 通常模型中每个自变量都有 30 个数据点作支撑。

必须同时满足上述所有条件，才能使用户对统计工具输出的检验结果有足够的信心，并对回归技术生成的生产率模型的质量和有效性有一个整体评价。

模型建立者和使用者，在声称他们的模型具备“良好的预测性”前，必须先确认已对这些条件进行验证和记录，并且模型建立过程符合最低要求。

如果不满足这些前提条件，那么模型建立者对模型的评价就是不合理的，用户也不能完全依赖它们。

6.3.2 样本规模

举例来说，一个有意义的统计回归结果所需的样本规模意味着：

- 通常需要 30 个项目数据，且数据是随机的，才能为每个自变量参数的统计学检验建立合理的数据基础；

- 当数据点很少时，也可以建立起回归模型，但如果项目个数少于 15～20 个，那么建立者不能贸然地把它当作一个广泛适用的模型，参见国际软件基准标准组 ISBSG 关于外部数据的样本规模建议，如下所示。
- 当然，只有 4～10 个数据点的模型应该被认为不具有统计意义。（即使当判定准则取值较高时，也不意味着有很强的统计相关性）。

然而，这并不意味着这些模型毫无意义或提供的信息对组织没有用。正相反，即使样本量小，也可以为组织提供关于开发过程性能方面客观、量化的参考。组织可以据此对后续项目的生产率性能进行合理预期。

在组织内部，这些数据点并不是随机的，而是代表在数据收集这段时间、这一背景下的已完成项目。

- 当然，如果数据没有这种特征，这样的小样本量建立起来的模型就没有普遍意义。（也就是说，其结果很可能是没有代表性的，即使是对于样本本身的场景来说。）

ISBSG 关于统计分析的样本规模建议	"为了让回归结果有意义，你必须有足够多的数据。样本规模最好不低于 30，但是样本规模 20 以上的模型也可以提供比较合理的结果。" "对于样本规模小于 10 个项目的模型，得不到什么有意义的结论。" "回归分析还有一些其他限制条件，比如：数据必须"正态分布"（而一般情况都是样本内大部分的值较小，只有少数数据值较大的情况，很难正态分布）；不能出现楔形分布（点的辐射的区域是随着值的增加而扩大的）。软件工程数据集经常不符合这些限制条件。" "在进行回归分析之前，你需要仔细查看你的数据是否合适。更多信息请参考任意一本关于统计学的标准课本。" 来源：ISBSG 数据使用指南[ISBSG 2009]。

接下来的章节将介绍满足或不满足以上判定准则的回归模型的例子。

6.4 模型建立者对模型的自我评价

设计和发布模型的人员（模型建立者）通常应该记录模型的偏差范围和不确定性水平。

当这些详细信息被文档化后，我们称之为“白盒”模型，反之称为“黑盒”模型。黑盒模型中的数据、模型本身以及模型针对特定数据集的预测能力都是不可见的。

【例 6.4】 基于功能点的模型和来自多个组织的数据集。

[Desharnais 1988]对 82 个来自于多个组织的 MIS 项目进行了研究。

对于基于全部数据（82 个项目）建立的生产率模型，功能规模的变化可以解释项目工作量 50%的变化，即 $R^2 = 0.50$。

将所有的数据按开发平台分组为更同质化的样本时，相应的生产率模型的性能如下：

- 大型机平台有 47 个项目，$R^2 = 0.57$；
- 中型机平台有 25 个项目，$R^2 = 0.39$；
- PC 平台有 10 个项目，$R^2 = 0.13$。

根据该数据集建立的模型可以认为是白盒模型，因为所有用于建立模型的详细数据都被文档化且可用于独立的再现研究。

【例 6.5】 Abran 和 Robillard [1996]在一份研究报告中对来自单一组织的包含 21 个 MIS 项目的数据集进行了研究。数据显示该组织的环境比较一致。当时该组织正在接受 SEI 能力成熟度模型 3 级的评估（由一个优秀的外部评估师评估）。

在这种情况下，功能规模作为生产率模型的唯一自变量可以解释项目工作量 81%的变化（$R^2 = 0.81$）。

根据该数据集建立的生产率模型可以被认为是白盒模型，因为所使用的所有数据都已被文档化且可用于独立的再现研究。

【例 6.6】 Stern [2009]对 5 组数据，包含 8～30 个不等的实时嵌入式软件项目进行了研究，这些项目是用 COSMIC 功能点进行度量。每组数据都来自一个独立的（但互不相同的）组织，每组数据都代表相对一致的开发环境。在图形化的生产率模型中，功能规模作为唯一自变量可以解释 68%～93%的项目工作量的变化（R^2 从 0.68 到 0.93）。

6.5 已经建好的模型——应该相信它们吗

6.5.1 独立评价：小规模再现研究

在本书中，“白盒模型”是指把估算输入转化为估算结果的模型。该模型的内部构造是已知的且文档化的，即对白盒模型的详细方程以及相关参数都有详细描述，且附带建立这些方程的源数据集信息。

相反地，“黑盒模型”是指模型的内部构造对用户和研究人员不可见，也没有建立这些模型的源数据集信息。

无论这些模型是白盒模型还是黑盒模型，都应该用建立模型所用的数据集之外的数据对它们进行评价。

这种验证可以解决模型使用者所担心的一个关键问题：这些模型在其他环境的项目，尤其是在他们自己的项目中表现如何？

这类验证通常是独立于模型建立者而进行的：

- 由独立的研究员使用他们的经验数据集进行处理；
- 由估算实践者用自己组织中的历史数据检验这些生产率模型的性能，输入的是其已完成项目的数据。

使用其他数据集进行检验	当然，这是判断模型性能“好坏”的基本检验：每个人在使用模型之前都应该先用自己的数据集来验证模型性能。

一个对软件模型的小规模独立评价的经典案例来自 Kemerer 的研究。在他的研究中，使用了来源于多个组织的 15 个项目数据，对很多文献中的模型进行了性能分析，包括 COCOMO 81、ESTIMAC 和 SLIM [Kemerer 1987]。

- 例如，中级 COCOMO 81 模型的 $R^2 = 0.60$，*MRE* 是 584%。
- 相较之下，Kemerer 用这 15 个项目直接建立的基于功能点的回归模型的 $R^2 = 0.55$，而 *MRE* 是 103%。总之，直接用 Kemerer 数据集建立的模型比文献中的被测模型的估算偏差范围小很多。

关键经验教训总结	当你的数据点足够多时，建议基于现有的数据建立你自己的生产率模型，而不是使用其他人的模型。

根据多个组织的数据建立的模型偏差范围可能很大。性能偏差较大的原因有多种：组织之间的实际性能差异、不同的约束条件、不同的非功能性需求等。

6.5.2 大规模再现研究

小规模研究的代表性有限，因为通常这些研究的样本量都很小。

在 Abran Ndiaye 和 Bourque [2007]的大规模再现研究中，使用了一个较大的数据集，包含 497 个项目，并按照编程语言进一步分组。这一大规模研究通过识别自变量的取值范围、每个范围内数据点个数以及离群点来验证回归模型的假设（统计回归模型的验证条件）。

然而，这个大规模研究只调查了 Kemerer [1987]报告中提到的一个工具厂商的黑盒估算工具。

这一大规模再现研究包含以下两个模型的性能报告：一个来源于工具厂商的黑盒模型；直接根据样本生成的白盒模型。

将黑盒模型和白盒模型进行对比，对比时使用了 *RRMS*（或 *RMS*，数值越低越好）和 25%的预测水平［*PRED*（25%），数值越高越好］。

结果如表 6.1 所示，是删掉离群点（见 5.4 节）之后的样本集。注意，表 6.1 中的每行标题代表每个样本的：规模的取值范围为建立回归模型的范围，即生产率模型在此范围内有效。

举例来说：

- 对于 Access 语言，样本数据点在 200～800 功能点区间内；
- 对于 Oracle，样本数据点在 100～2000 功能点区间内；
- 对于 C++语言，有两个数据点区间，一个是在 70～500 功能点区间，一个是在 750～1250 功能点区间，两个区间的生产率模型不同且估算性能也不同。

1. 黑盒估算工具的估算性能

对于大多数编程语言都有足够多的数据点进行统计学分析，见表 6.1 第 1 列和第 3 列所示的黑盒估算工具。

- 第 1 列估算误差（*RRMS*）从最低 89%的 COBOL II（80～180 功能点区间）到最高 1653%的 C（200～800 功能点区间）。而两者跟实际值相比要么估算过多，要么估算过少，而不仅仅是误差的问题。
- 对于大多数样本，没有达到 *PRED*（25%）的估计（第 3 列是 0%），而在 PL1[550, 2550]样本中，最好的 *PRED*（25%）水平只有 20%。

这一大规模的再现研究证明了 Kemerer[1987]在小规模研究中对该厂商估算工具的结论：在这两个研究中（小规模和大规模），估算误差是相当大的，都有非常严重的估算偏多或估算偏少的情况，且在某种程度上是随机的。

表 6.1 对比结果——*RRMS* 与 *PRED*(0.25)（删掉离群点）（经 Abran et al. 2007，经 John Wiley & Sons, Inc 许可后引用）

样本特征：编码语言，规模区间 [功能点]	***RRMS***		***PRED*（0.25）**	
	（1）厂商的黑盒估算工具（%）	（2）直接根据数据建立的白盒模型（%）	（3）厂商的估算工具（%）	（4）直接根据数据建立的白盒模型（%）
Access [200,800]	341	**15**	**0**	**91**
C [200, 800]	**1653**	50	11	22
C++ [70, 500]	97	86	8	25
C++ [750, 1250]	95	24	0	60
COBOL [60, 400]	400	42	7	43
COBOL [401, 3500]	348	51	16	35
COBOL II [80, 180]	**89**	29	0	78
COBOL II [180, 500]	109	46	17	33
Natural [20, 620]	243	50	10	27
Natural [621, 3500]	347	35	11	33
Oracle [100, 2000]	319	**120**	0	**21**
PL1 [80, 450]	274	45	5	42
PL1 [550, 2550]	895	21	**20**	60
Powerbuilder [60, 400]	95	29	0	58
SQL [280, 800]	136	81	0	27
SQL [801, 4500]	127	45	0	25
Telon [70, 650]	100	22	0	56
Visual Basic [30, 600]	122	54	0	42
最小值	**89**	**15**	**0**	**21**
最大值	**1653**	**120**	**20**	**91**

记录估算工具的性能	你会仅仅因为一辆车的外形好看就买它吗？你难道不会先看一下消费者对其技术性能的评价或者安全记录？ 大多数估算工具，还有一些厂商提供的黑盒估算工具都是在互联网上免费可用的，通常也不提供支持以下证据的文档说明： ● 这些模型在历史数据方面的表现如何，采用本章中列举的通用准则来判定； ● 当应用于其他数据集时，使用者应有怎样的预期。

你应该相信它们吗	完全不能。即使你可能因为各种原因认为这些模型“感觉不错”，但你是要用来进行重大商业决策的！ 有对这些模型的跟踪记录吗？它们的不确定性水平是多少？

2. 基于样本数据建立的白盒模型的估算性能

如果你能取得相关数据来评价厂商提供的估算工具的性能，你也同样有数据去建立一个白盒的生产率模型，因此，可以直接将厂商的产品与你自己建立的模型进行比较，方式如下：

所有以白盒方式基于同一样本建立的模型性能如表 6.1 的第 2 列和第 4 列所示。总体来说：

这些白盒生产率模型从 *RRMS* 来看（第 2 列），其估算偏差远远低于相应的黑盒模型，即从 Access 200 到 800 功能点区间的 15%，到 Oracle 100～2000 功能点区间的 120%。

因此，白盒模型的估算误差远远低于厂商的估算工具的误差。

对于第 4 列的每个样本，从 Oracle 100～2000 功能点区间的 21%到 Access 的 200～800 功能点区间的 91%，都是在 *PRED*（0.25）要求误差范围之内。

这意味着，白盒生产率模型比厂商的估算工具更好。

总的来说，对于研究报告中的所有编程语言及其规模区间内的项目来说：

- 相对于 Kemerer [1987] 和 Abran et al. [2007] 报告中提到的那些商业估算工具，实践者对于白盒生产率模型提供的估算结果更有信心；
- 然而，他们也需要意识到，这些白盒生产率模型的预测性能，还没有用其建立所用数据集之外的数据进行过检验。（他们可以用 6.2.1 节末尾提到的任一检验策略进行检验。）

6.6 经验教训：根据规模区间划分的模型

在软件工程中通常的做法是建立一个模型，而不会考虑按自变量的规模区间分别建立模型，而统计分析的最佳实践并非如此。统计分析需要对模型的假设进行验证，并且在区间内有足够多的数据点可以解释此验证结果。

对于一个正态分布的项目数据集，通常如图 6.2 所示。

- 置信区间通常是一个恒定的区间，它包括该自变量的大部分数据点——在浅色箭头之间。
- 但是变化的那部分区间，比如图 6.2 中的深色箭头，在大多数数据点的范围之外，还含有离群点。

不幸的是，在软件工程中，通常的方法仍然是寻找单一模型，而忽略数据点的分布，也没有考虑数据点在不同规模区间的密度。

生产率模型的使用者应该意识到：在所有模型中，不能假设置信区间在多个区间范围内或范围外是相等的。

构建模型的一个更加严谨的方法是将手头的数据集按照不同的密度区间划分开，参见以下这组示例数据，如表 6.2 和图 6.3 所示。

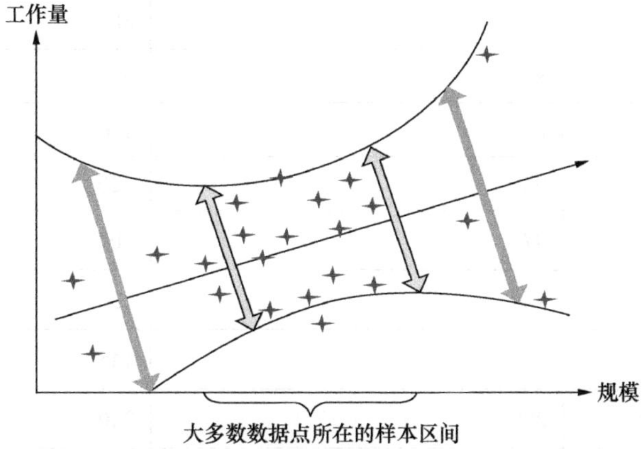

图 6.2 置信区间和样本区间

表 6.2 示例数据集 *N*=34 个项目

序号	规模（CFP）	工作量（h）
1	15	15
2	18	13
3	22	35
4	25	30
5	25	38
6	33	43
7	37	35
8	39	32
9	40	55
10	50	55
11	55	35
12	63	90
13	66	65
14	70	44
15	80	79
16	83	88
17	85	95
18	85	110
19	93	120
20	97	100
21	140	130
22	135	145
23	200	240
24	234	300
25	300	245
26	390	350

续表

序号	规模（CFP）	工作量（h）
27	450	375
28	500	390
29	510	320
30	540	320
31	580	400
32	1200	900
33	1300	950
34	1000	930

比如，在表 6.2 和图 6.3 中，自变量 x 轴，功能规模，有以下几段：

- 22 个项目在 15～140CFP 规模区间；
- 9 个项目在 200～580CFP 规模区间；
- 3 个项目在 1000～1300CFP 规模区间。

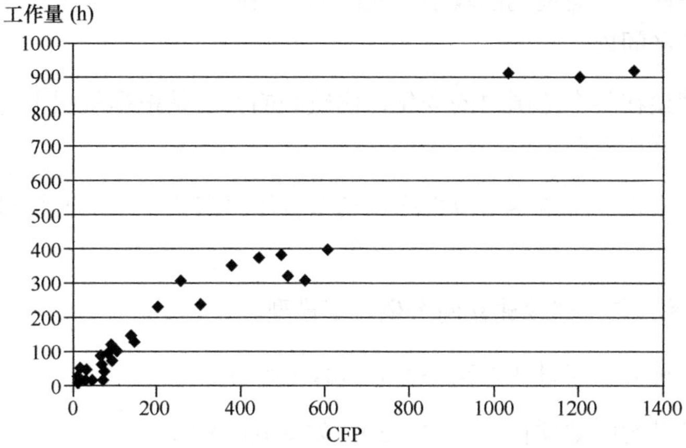

图 6.3 表 6.2 中 34 个项目的二维图示

当然，可以根据这组数据整体建立一个生产率模型，如图 6.4 所示。

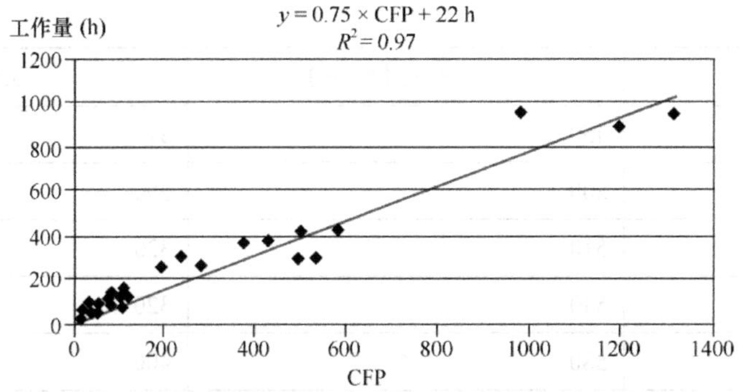

图 6.4 基于表 6.2（N=34）生成的单个线性回归模型

对于表中的所有项目，方程式如下：

$$\text{工作量} = 0.75 \times \text{CFP} + 22\text{，}R^2\text{ 为 }0.97 \quad (6\text{-}1)$$

看起来该方程有个相当不错的 R^2，高达 0.97。

- 但是该方程式受 3 个大项目的影响较大，而多数项目的影响都较小，因此它并不能代表大多数项目。
- 同时，整组数据并不符合正态分布，因此，该回归的统计学意义相对较弱。

相比之下，在两个前面提到的较小规模区间范围内，每一个都更接近于正态分布，当然是在他们各自的区间内。

考虑到功能规模在整个范围内的变化，比较好的方法是根据从图中观察到的不同密度的数据点建立多个回归模型。

对于这个例子来说，实践中构建生产率模型更加严谨的方法是把数据集分为 3 个密度区间。

- 针对于该数据集，建议建立两个生产率模型。
  - 一个是针对小项目（见式 6-2），如图 6.5 所示。
  - 一个是针对中型项目（见式 6-3），如图 6.6 所示。
- 把 3 个最大的项目作为类比基准而不是统计基准更合适，如图 6.3 所示。

对于小项目（15～150CFP），方程式如下，如图 6.5 所示。

$$\text{工作量} = 1.01 \times \text{CFP} + 3 \quad (6\text{-}2)$$

其中，

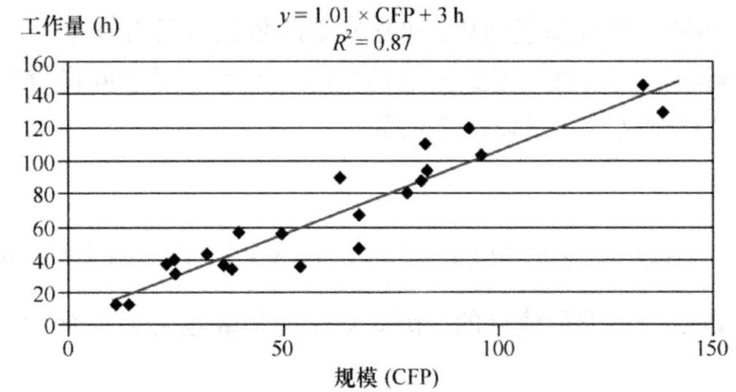

图 6.5 回归模型（15 ~ 150CFP，N=22）

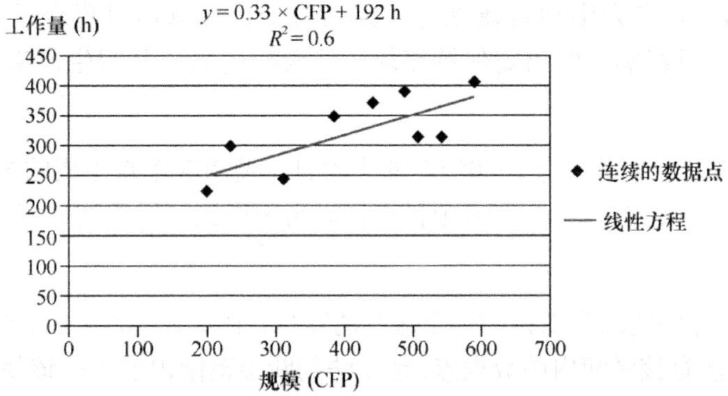

图 6.6 回归模型（200 ~ 600CFP，N = 9）

- $R^2 = 0.87$;
- 固定成本低（3h）;
- 斜率接近 1，这表明无法看出在这一范围内的项目是规模经济还是非规模经济。

对于中型项目（当然是在该数据集中），如图 6.6 所示，方程式如下：

$$工作量 = 0.33h / CFP \times CFP + 192h \tag{6-3}$$

其中，

- R^2 为 0.6;
- 固定成本略高，为 192h;
- 斜率略低，为 0.33（这说明在该区间 200～600CFP 中的项目是规模经济），而不是像上一组小项目那样，有更陡的单位成本（1.01）。

请注意在 200～600CFP 规模区间内，建立模型的数据点只有 9 个，从统计学角度来看，显然是不够的，也无法把该结论应用到其他环境中。但是，对于同样背景、同样规模区间的项目，这个模型是有意义的，可以用于估算。

举例如下。

（1）对于估算一个规模为 50CFP 的小项目，式（6-2）比式（6-4）更为合适。

因为式（6-2）是专为小项目建立的，因此对于待估算项目更为合适，且该方程完全不受大项目影响。

（2）对于估算一个规模为 500CFP 的中项目，式（6-3）比式（6-4）更合适。

因为式（6-3）是专为中项目建立的，因此对于待估算项目更合适。而且该方程式不受小项目和大项目影响。但仍需保持警惕，因为在建立该区间生产率模型时，可用项目较少。

（3）如果要估算一个规模为 1000CFP 的大项目，使用 3 个点生成的方程式进行估算，是没有任何统计学意义的。这 3 个大项目点可以用于类比，用于估算规模区间为 1000～1400CFP 的项目。

（4）如果要估算中间缺失数据的那个区间的项目，比如在 600～1000CFP 规模区间内，表 6.2 和图 6.4 都没有该区间内的数据点，也无法判断该范围内的点应该使用小项目方程式还是大项目方程式。当我们只看单一模型时，这种不确定性并不明显，但是当样本被分为多个密度区间时，就很明显了。此时可以使用整体方程式：

$$\text{工作量} = 0.748 \times \text{CFP} + 22\text{，}R^2\text{ 为 } 0.97 \qquad (6\text{-}4)$$

实践中，哪个模型更好呢

是 R^2 更高的模型更好（R^2 为 0.97），还是根据不同的规模区间分别建立的两个子模型更好，R^2 分别为 0.6 和 0.87？

这个整体模型看起来 R^2 很高，为 0.97。

然而由于它受到那 3 个大项目的影响比较大，而大多数项目规模都比较小，所以它无法代表大多数项目。

因此，如果计算相对误差的绝对值（*MRE*），那么完整数据集创建的模型的相对误差将比用不同规模区间的子组数据得到的模型大。

另外，该整体模型并不符合正态分布，这表明该回归结果的统计学意义相对较弱。

相反地，两个子规模区间的模型，自变量规模在其各自区间内更趋于正态分布。

6.7 总结

通过以上阐述，整体模型虽然 R^2（0.97）较高，但并非最好的模型：因为它的构建过程不合理，因此对于不了解情况的使用者可能会高估该模型的性能。

6.8 练习

1. 请列举出 5 条验证一个模型性能所需的准则。

2. 如果 R^2 为 1，则意味着什么？

3. *MMRE* 是什么含义？

4. *PRED* (10) = 70%是什么含义？

5. 确保正确使用统计回归技术的 3 个条件是什么？

6. 对于简单回归技术，推荐的数据集样本个数是多少？

7. 这是否意味着如果你的样本很少，使用这些数据建立的生产率模型无意义？请讨论。

8. 请了解你的公司项目数据库中平均的软件项目生产率。该平均生产率的偏差范围是多少？你应该使用什么准则？

9. 请查看模型作者或者工具厂商在向实践人员提供生产率模型之前是否对模型质量进行了记录。请评价你的发现。这对你的组织的短期影响是什么？长期影响呢？

10. 什么是再现研究？如何开展再现研究？

11. 表 6.1 对两个估算模型进行了比较，对于使用 Visual Basic 的项目，你将更相信哪个模型？基于什么原因？

12. 如果你想使用（或计划使用）一个基于统计方法建立的生产率模型，你会确认哪些方面？

13. 如果你的模型中的其中一个成本因子不服从正态分布，在分析该生产率模型质量时有何影响？

14. 请以外行的语言，向你的项目管理团队描述回归系数 R^2 的实际意义，并解释当依据生产率模型（根据你们组织的数据或根据外部数据建立的）确定项目预算时，该系数对他们有什么影响？

15. 用表 6.2 和图 6.3 中的数据，向你的经理解释为什么最好建立两个或 3 个生产率模型，而不仅仅是一个生产率模型。

6.9 本章作业

1. 把表 6.2 中的项目 10 的工作量乘以 3，对回归模型有什么影响？把项目 31 的工作量乘以 3，对回归模型的影响又是什么？请解释以上两种改变对回归模型质量的影响。

2. 请从网络上选一个免费的估算模型，并使用手头的数据集（可以是你们组织的数据，或文献中的数据，或 ISBSG 数据库中的数据）对它进行检验。请使用 4.1 节的准则对该模型的质量进行评价。

3. 通常，在统计研究中，对于每一个变量，你需要 20～30 个数据点。请找到一个关于软件生产率或生产率模型的研究，并根据这些模型背后的数据点以及所考虑的成本因子的个数，讨论统计结果的显著性。

第 7 章

对调整阶段的验证

本章主要内容

- 在估算的决策过程中调整阶段的作用。
- 将调整动作与生产率模型绑定的一些现行做法。
- 偏差范围未知的一系列含有成本因子的估算子模型。
- 模型误差的传播带来的影响。

7.1 概述

在进行估算时，软件项目经理想要包含尽可能多的调整因素（通常称为工作量或成本因子），期望每一个成本因子都能在工作量和成本的量化关系中起到作用。这种调整因素可以是如下所列的：

- 员工的软件开发经验；
- 员工在特定编程语言方面的经验；
- 数据库环境；
- 设计和测试支持工具的使用；

……

而这可能带来如下挑战：

- 如何量化这些因子？

- 每个成本因子的影响有多大？
- 在特定环境下，哪些成本因子最重要？
- 这些成本因子对估算模型的实际贡献有多少？
- 按照现行做法把这些成本因子考虑在内，真的会降低估算风险并且提升估算准确性吗？

在软件工程领域，关于这些成本因子影响的研究很少，已有的研究也通常是基于小样本的研究，不具有统计显著性。因此，将这些结果复用在其他环境中的可信度较低（在一个不甚理想的实验条件下所做的有限的实验不具有一般意义）。

7.2 估算过程的调整阶段

7.2.1 调整估算范围

参见 4.4 节，调整阶段的目的（见图 4.5，在图 7.1 中再次展示）是为了在估算过程中考虑如下因素：

- 在基于历史数据建立的统计学模型中，没有明确作为自变量出现的那些工作量和成本因子；
- 对估算过程输入信息的不确定性；
- 项目假设；
- 项目风险；

……

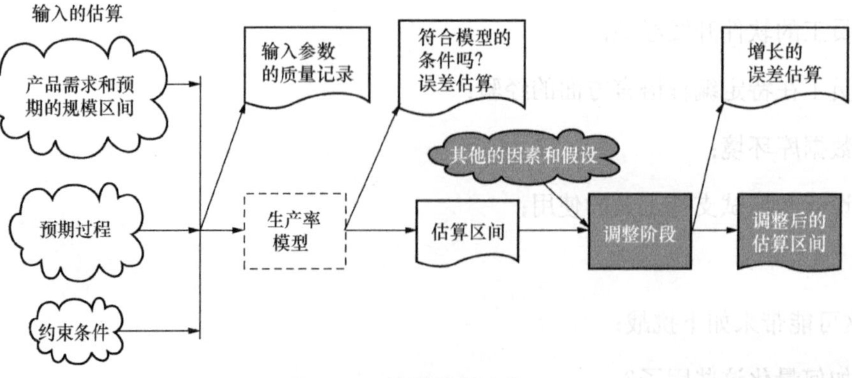

图 7.1 估算调整阶段

这一步的预期效果是获得更准确的估计。然而正如我们在第 5 章关于模型质量的介绍，当估算过程本身包含了需要识别估算值的候选区间时，对准确性的期望往往不切实际。同时，正如我们在第 3 章所述，选择一个值作为项目预算并制订相应的应急措施，是高层经理的职责，因为在大多数情况下，所选的预算值与项目的预算相符的概率是非常小的。

在调整阶段中，我们不能理所当然地以为通过调整可以自动缩小估算值范围，也就是说，与调整前的生产率模型初始 *MMRE*（图 7.2 中较长的箭头所示的外侧两条线间的范围）相比，调整后 *MMRE* 会变小，如图 7.2 所示的两条虚线间的距离）。

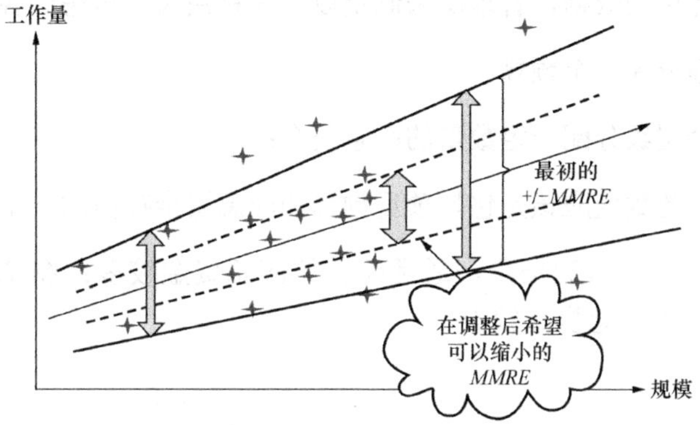

图 7.2 调整过程对估算值的预期影响

然而，这并不是调整阶段的唯一可能结果。当调整阶段识别出一系列其他不确定性和风险因素且负面影响很大时，可能导致 *MMRE* 变大（见图 7.3）——较大的 *MMRE*（长箭头）与模型初始的 *MMRE*（短箭头）相比。

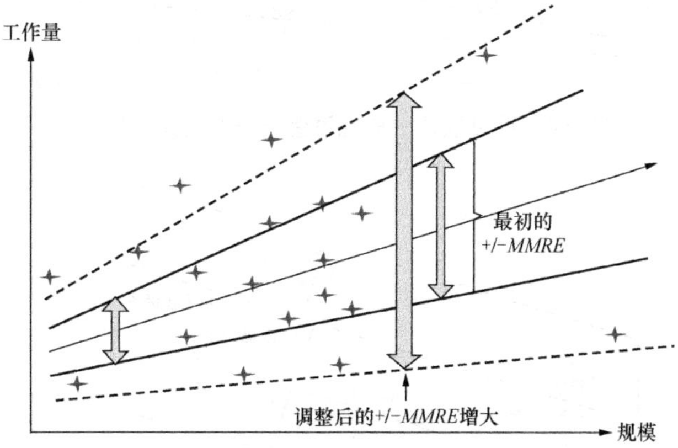

图 7.3 调整过程对估算值的进一步影响

我们应该考虑以下问题：

（1）一个生产率模型的初始 *MMRE* 是基于无不确定性且已完成项目计算得来的；

（2）在估算阶段，通常信息不完整并且有一系列不确定性和风险。

很有可能实际得到的估算范围比较大（见图 7.3），而不是如预期的（但不现实）较小的范围（见图 7.2）。

本章将对上述现象进行详细讨论。

7.2.2 决策过程中的调整阶段：为管理者识别场景

根据估算人员提供的数据，管理层来制定以下 3 种决策，考虑到各种可能的输出：

（1）为项目经理分配一个预算；

（2）在项目组合层级分配一定数量的应急资金；

（3）预期上限（此数值应该是包括项目预算和应急资金在内的一个分布范围）。

图 7.4 所示的是一个乐观场景，通常配备的应急资金较多；图 7.5 所示的则是一个悲观场景，通常配备的应急资金较少。

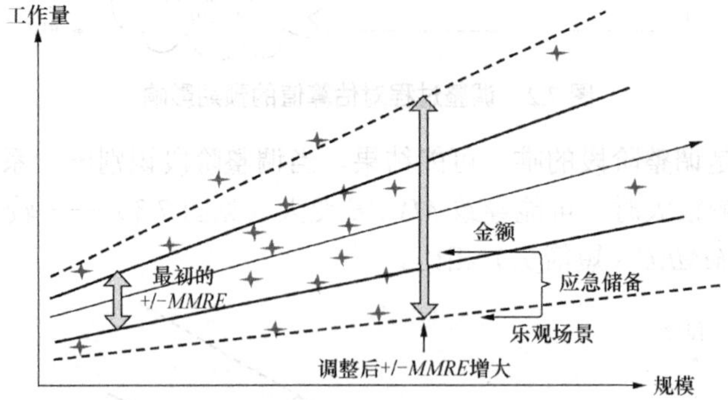

图 7.4 项目预算 + 应急资金 = 乐观场景的价格

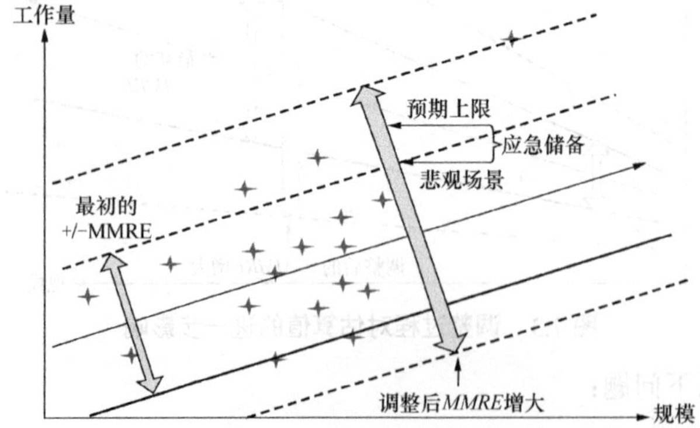

图 7.5 项目预算 + 应急资金 = 悲观场景的价格

7.3 实际做法中的绑定方法

7.3.1 方法概述

数十年来的研究发现：规模不是唯一的影响因子，有很多其他因素会影响到项目工作量。同时，生产率模型的建模技术也有很多传统方法，目前可以处理多个自变量以及非定量的变量。部分技术将在第 10 章中介绍。

然而，实践中，许多上述统计技术已经被替换为在软件估算过程中把所有因子绑定在一起的方式。在本章中，我们将介绍这种“技艺式”方法在实践中常见的一些做法。

这种方法可以总结成一张图，如图 7.6 所示。本应该分成多步执行并且每一步都做了质量分析的过程被整体集成单一步骤和模型，且没有任何关于估算误差的分析报告。通常情况下，此绑定模型的输出要么为单个估算值，要么为多个估算值、每个值对应一个场景（乐观，或最可能，或悲观）。

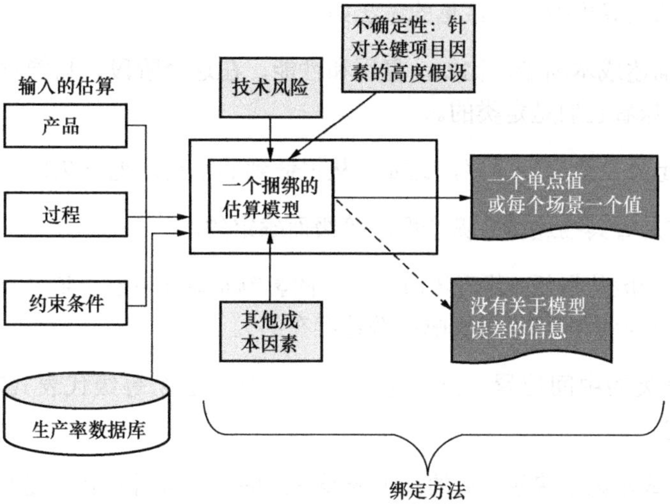

图 7.6 估算——绑定方法

注意，图 7.6 所示的捆绑的估算模型可能是黑盒的或者白盒的数学模型，更有可能是完全基于专家判断的方法（称为专家法估算过程）。

7.3.2 将多个成本因子合并到模型中的具体做法

在目前的很多估算模型中，是如何同时考虑这些成本因子的影响的呢？

首先，在一个成本估算模型中叠加所有成本因子的影响，即

$$\text{所有成本因子的影响} = \sum_{i}^{n} PF_i$$

其次，将叠加的成本因子影响与选定的规模-工作量关系方程（估算模型）相乘，得到最终的工作量。

$$\text{工作量} = a \times \text{规模} \times \left(\sum_{i}^{n} PF_i\right) + b$$

7.3.3 选择并归类每一个调整因子：将成本因子从定类转化为定量

在软件工程中，绕过前文所述限制的传统方法是将选定的成本因子根据“经验判断”进行分类——类别可以是本地定义或通用定义。

在很多现行的估算模型中，常见的做法如下。

（1）刻画和描述成本因子，比如，复用和性能。在这个阶段，只能对这些成本因子进行“命名”，这意味着它们是定类的。

（2）把这些定类变量进行排序，比如，从很低到非常高，见表 7.1。

- 这种归类是看其描述符合哪个顺序等级而确定的。
- 顺序等级一般从很低（代表该成本因子的影响基本不存在）到另一个极端——非常高（意味着该成本因子的影响是普遍存在的）。
- 在这种分类的中间位置，通常会有一个等级。这个等级代表其对生产率的影响是中立的。
- 对于一个成本因子来说，它的几个分类等级间的间隔并不需要是相等的（它们的间隔可能不一致）。

表 7.1 成本因子的分类举例

影响工作量的因子	很低	低	无影响	高	很高	非常高
项目管理经验	没有	1～4 年	5～10 年	11～15 年	16～25 年	25 年以上
复用	没有	0～19%	20%～30%	31%～50%	50%～80%	80%以上

- 一个成本因子的分类等级也不需要与另一个有相同等级的因子的等级间隔大小相等。
- 组织通常会为每个类别等级定义各种判断准则，以降低将成本因子归类为某一等级时的主观性（比如，项目管理经验的归类可以按年限分）。
- 这些没有规律的等级区间在不同分类中也是不同的。

这些成本因子分类（比如，从很低到非常高，见表 7.1），都是按等级排序的——每个等级都是比前一个高，但是它们无法叠加或相乘。

（3）接下来为成本因子的每一个分类等级分配一个影响系数——影响系数通常用其影响工作量的百分比表示，以中立位置的无影响为基准（位于中立位置左边的等级对工作量的影响递增，位于中立位置右边的等级对工作量的影响递减，见表 7.2）。

表 7.2　专家判断对工作量因子的影响

影响工作量的因子	很低	低	无影响	高	很高	非常高
F_1：项目管理经验	+15%	+5%	1	−5%	−10%	−20%
F_2：复用	+20%	+5%	1	−10%	−20%	−40%

例如，

- 对于项目管理经验较低的项目经理（这里为因子 F），专家认为会对生产率造成 5% 的损失（项目工作量增加 5%）；
- 对于项目管理经验级别为非常高的项目经理（超过 25 年经验），其对应的生产率提升 20%。

为各个因子分配数值的整个过程无法量化因子本身，只是把该因子对成本的影响进行量化，这些数值实际上对应的是（生产率）比率。

7.4　成本因子作为估算子模型

7.4.1　成本因子作为分步的子函数

这些比率数字是否是在有着完善的记录和控制的试验下得到的，就像科学和工程界的通行做法一样？

需要注意的是，这些成本因子（见表 7.2 中的 F_1 和 F_2 ）已经不是估算模型的直接输入了：每个成本因子都对应一个阶梯式的生产率函数，如图 7.7 所示的成本因子 F_1，即项目管理经验。

图 7.7 所示的一个具有相等的等级区间 PF_i 的阶梯函数估算模型，5 个区间等级如横轴所示，对生产率影响的百分比表示在纵轴上。

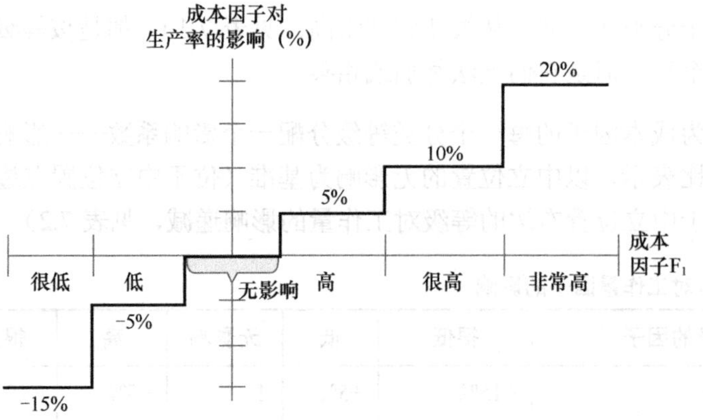

图 7.7 一个阶梯函数式的估算模型——具有相等的等级区间

然而，事实上，大部分区间都是不规则的，如图 7.8 所示。

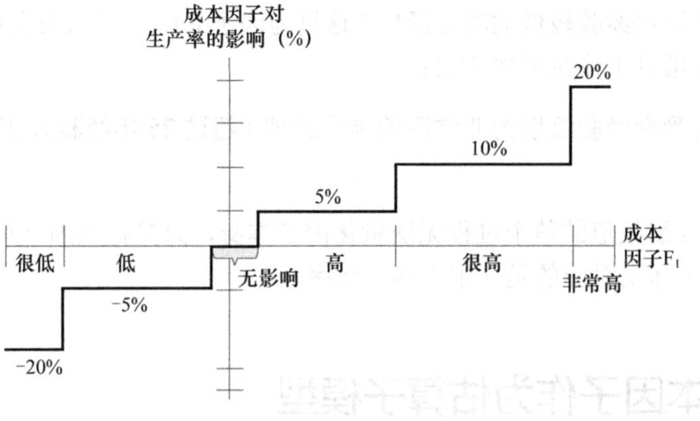

图 7.8 阶梯函数估算模型——具有不规则的等级区间

7.4.2 偏差范围未知的阶梯函数估算子模型

图 7.7 和图 7.8 所示的阶梯式生产率模型包括 6 个明确的值，其范围从−5%到+20%。

然而，在一个具体的估算环境中，有两个原因导致阶梯式估算模型不准确，如图 7.9

中的箭头所示，箭头贯穿了区间内的相邻两个比率。

（1）某成本因子的某一具体取值可以处于该等级区间内的任意位置。

（2）不能认为一个等级区间内的工作量影响程度是相同的，因为阶梯函数是对生产率的一个非常粗略的近似，不管是在一个等级区间内还是对于所有等级区间，如图 7.9 所示。

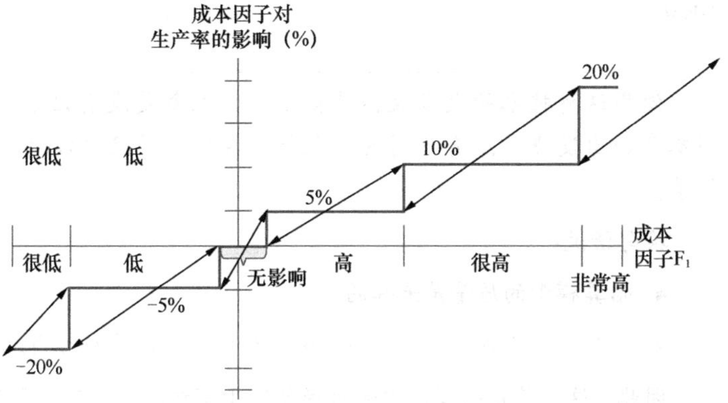

图 7.9 具有不规则区间的阶梯函数估算模型的近似过程

综上所述，我们可以得到如下结论。

- 图 7.8 所示的是一种表示阶梯函数估算模型的方法，该模型对应一个成本因子、5 个等级以及不规则的区间间隔。
- 图 7.9 所示的是在这些阶梯式模型中隐含的近似过程。
- 当一个估算模型含有 20 个用这种方法定义的成本因子时，这个模型就隐含了 20 个子估算模型，虽然每一个子模型仅被列为一个成本因子。
- 由于这些阶梯式生产率估算子模型是由模型设计者给定的，因此它们不能作为统计技术中的自变量，而是作为估算模型的调整部分出现。
- 根据本书的目的，我们把这些调整称为派生输入（因为他们是估算模型的设计者引入的），而不是直接输入，因为后者是由模型使用者每次进行估算时自己代入的。

这意味着什么？

这意味着待估算项目的每个成本因子的取值并不是估算模型的直接输入，而是多个估算的子模型。

■ 它们是基于某个不准确的分类过程，从一个定序分类中选择出的非直接或派生的输入。也就是说，它们的等级会从很低到非常高。

- 该转换过程的输出是一个常量，即最终选择了一个单点值。
- 这种转换并没有有记载的实验过程作为基础，即只是一个人或一个小组的主观判断。

- 这种转换的误差范围是不清楚的，而且也没有把它的误差在整个估算模型的误差分析中进行考虑。

估算模型的派生输入："自我感觉良好的"模型	使用这种技术的大多数估算模型的输入都是没有记录的。因此，对模型本身的出发点是没有分析的，也知之甚少，并且也没有任何经验数据的记录。 换句话说： ● 估算模型的质量是未知的； ● 并且把它们作为模型的输入使得模型本身的基础相当薄弱。 因此，这会导致模型使用者对模型过于有信心，认为模型可以把如此之多的成本因子考虑在内确实不错，其实这种信心是没有道理的！ 真正的问题应该是：这些成本因子真的被充分考虑了吗？ 最后的结果很可能是随着成本因子的增加，引入了更多的不确定性而不是减少不确定性。

7.5 不确定性和误差传播[①]

7.5.1 数学公式中的误差传播

在科学研究中，术语不确定性和误差并非指的是错误，而是指所有度量数据和模型中固有的不确定性，且这种不确定性是无法完全消除的。

度量人员和估算人员应该投入一部分精力来研究并理解这些不确定性（误差分析），从而在对变量的 n 次观察中得出适当的结论。

---

① 详见 Santillo（2006）软件度量和估算中的误差传播，软件度量国际研讨会-IWSM-Metrikom 2006,Postdam, Shaker Verlag,Germany.

- 如果不了解相关的误差，那么度量可能会毫无意义。

在科学和工程领域，没有附带误差的估算数据不仅值得怀疑，而且可能是无用的。

- 这在软件工程中也适用——对于每一个度量数据和模型，应该对其固有的不确定性进行分析、记录并加以考虑。

在本节中，我们将讨论在应用某些公式（算法）来推导出其他度量元时其中附带的不可避免的误差会有哪些影响，在生产率模型中也是如此。在科学领域中，这种分析通常称为误差传播（或不确定性的传播）。

在这里，我们将介绍当使用数学公式推导出派生度量元时，参与计算的两个或多个基本度量元的一般不确定性会如何导致派生度量元的不确定性叠加为一个更高的不确定性。

当一个度量元是从多个度量元中导出的，且这些度量元是各自独立的（即它们对目标量的贡献是不相关的），每个贡献因子的不确定性（δ）可以认为是独立的。

例如，假设对于下落质量，度量了时间 $t \pm \delta t$，以及高度 $h \pm \delta h$（δ 代表时间 t 和高度 h 中相对较小的不确定性），度量结果如下：

$$h = 5.32 \pm 0.02\text{cm}$$
$$t = 0.103 \pm 0.001\text{s}$$

从物理学上，我们知道重力加速度的计算公式为

$$g = g(h,t) = 2h/t^2$$

把 h 和 t 的度量结果代入上述方程式，可得

$$g = 10.029\ldots\ \text{m/s}^2。$$

从物理学角度，重力加速度是

$$g = 9.80665\ldots\ \text{m/s}^2$$

为了探究由 h 和 t 的不确定性引起的派生值 g 的不确定性，h 的不确定性以及由 t 的不确定性造成的影响都需要单独考虑，并根据如下公式合并：

$$\delta_g = \sqrt{\delta_{g_t}^2 + \delta_{g_h}^2}$$

在该公式中，t 的不确定性造成的影响是由符号 δ_{g_t} 表示（读作“delta-g-t”，或“由于 t 导致的 g 的不确定性”）。

再加上 δ_{g_t} 的平方是基于这样的假设：待度量项的平均值是正态分布或高斯分布。

总而言之，当重力 g 的公式得出一个单点精确值时，实际上该公式得出的度量不确定性是大于单独对其时间 t 和高度 h 的度量的不确定性。

表 7.3 给出了由自变量 A、B、C 所产生的简单数学函数的不确定性，以及它们的不确定性 ΔA、ΔB 和 ΔC，还有一个已知的精确常量 c。

表 7.3 一些简单数学公式的不确定性函数

数学公式	不确定性函数
$X = A \pm B$	$(\Delta X)^2 = (\Delta A)^2 + (\Delta B)^2$
$X = cA$	$\Delta X = c\Delta A$
$X = c(A \times B)$ or $X = c(A / B)$	$(\Delta X / X)^2 = (\Delta A / A)^2 + (\Delta B / B)^2$
$X = cA^n$	$\Delta X / X = \lvert n \rvert (\Delta A / A)$
$X = \ln(cA)$	$\Delta X = \Delta A / A$
$X = \exp(A)$	$\Delta X / X = \Delta A$

7.5.2 模型中误差传播的相关性

在实际情况下，我们一般不会在初期阶段就充分定义软件项目的范围。其原因如下：

- 项目规模作为主要的成本因子无法在项目初期准确知晓，而恰恰此时软件估算是最有价值的；
- 虽然不同的规模估算值会得到不同的工作量估算结果，但是仅仅是规模本身，也无法证明得出的单点估算值的准确度究竟有多高。

对于任何模型，如果不考虑估算值（期望值）与真实值的偏差，便无法真正地使用它。

此外，当用基本度量元的度量结果计算得到派生度量元时，我们必须考虑基本度量元中的（一个微小的）误差对派生值的影响，这取决于派生度量元的算法或公式。

对误差传播的考量是评价和选择软件估算方法的重要环节。

- 对任何模型和方法的误差传播以及整体精度方面进行客观分析之后，其所宣称的质量和优点都可能有所提升或降低。

- 误差传播为模型选择过程提供了一些有用的信息，不论是理论层面（方法/模型的形成）还是实际层面（实际应用的例子）。

7.6 节给出了两个误差传播的例子。

例 7.1 是在指数形式的模型中的误差传播。

例 7.2 是将多个成本因子捆绑为一个调整值的误差传播。

所以，虽然模型设计者希望找到能涵盖所有成本因子的公式，但是因为这些公式在实际使用中都存在一定程度的误差，所以需要在这之间找到一个平衡点。

比如，在某些情况下，我们必须在以下几个选项中进行决策：

- 接受模型中每个成本因子的度量值；
- 改进度量精确度（如有可能的话，尽量减少误差）；
- 在整个模型中避免使用某些因子，因为它们可能对估算值的总体不确定性有无法接受的影响。

进阶阅读①

【例 7.1】 指数形式的模型及其误差。为了得到软件项目的开发工作量，所使用的指数形式模型为

$$y = A \cdot x^B$$

其中，y 代表预期的工作量，以人时表示；x 是待开发软件的规模；

因子 A 和 B 根据历史样本进行统计回归确定。

需要注意的是，虽然模型中的部分参数是由统计学得到的固定值，但并不意味着这些值就是准确的。

它们的对应误差可以从拟合函数的统计学样本的标准差中获得。要想评估 y 的偏差，需要对参数 A、参数 B 和自变量 x 的偏差计算偏导数。

$$\frac{\partial}{\partial x}(A \cdot x^B) = A \cdot B \cdot x^{B-1},\ \frac{\partial}{\partial A}(A \cdot x^B) = x^B,\ \frac{\partial}{\partial B}(A \cdot x^B) = A \cdot x^B \cdot \ln x$$

① 来源于 Santillo(2006)软件度量与估算中的误差传播，软件度量国际研讨会——IWSM-Metrikom 2006, Postdam, Shaker Verlag, Germany.

【例 7.2】 假设一个项目的大概规模为 1000 ± 200CFP，或者说有 20%的不确定性。

假设对于方程的参数 A 和参数 B 的误差范围是 10 ± 1 和 1.10 ± 0.01，各自以恰当的单位表示。

收集所有数据并把误差传播设置为 Δy ，我们得到如下方程式：

$$y = A \cdot x^B = 10 \cdot 1\,000^{1.10} = 19\,952.6\text{(人时)}$$

$$\begin{aligned}\delta y &= \sqrt{[(A \cdot B \cdot x^{B-1})\delta x]^2 + [(x^B)\delta A]^2 + [(A \cdot x^B \cdot \ln x)\delta B]^2} \\ &= \sqrt{[21.948 * 200]^2 + [1\,995.262 * 1]^2 + [137\,827.838 * 0.01]^2} \\ &= 5\,015.9\text{(人时)}\end{aligned}$$

只取误差的第一位有效数字，我们得到 y 估算的范围是 20000±5000，或者说 25%的不确定性。

需要注意的是，y 的误差占比并不仅仅是 A、B 和 x 的误差占比之和，因为该例子中的函数并不是线性。

【例 7.3】 多个调整因子以相乘的形式绑定在一起。在软件工程中的估算模型通常是由一系列（各自独立的）成本因子 C_y 进行调整得到的，它们以相乘的形式捆绑在一起。

即使这样，为了简便起见，假设这些成本因子在实际应用中是离散的，也可以把它们看作连续数据处理。

对这种模型调整后工作量的不确定性推导如下：

$$y_{\text{adj}} = y_{\text{nom}} \cdot \prod_i c_i$$

$$\frac{\partial}{\partial y_{\text{nom}}}\left(y_{\text{nom}} \cdot \prod_i c_i\right) = \prod_i c_i，\quad \frac{\partial}{\partial c_j}\left(y_{\text{nom}} \cdot \prod_i c_i\right) = y_{\text{nom}} \cdot \frac{\prod_i c_i}{c_j}$$

比如，假设 $y_{\text{nom}} = 20\,000 \pm 5000\text{h}$ （+/−25%），并且只包含 7 个成本因子，为了简便起见，假设每一个成本因子的值都是 $c = 0.95 \pm 0.05$ ，以下为 y_{adj} 调整的方程式：

$$y_{\text{adj}} = y_{\text{nom}} \cdot \prod_i c_i = 20\,000 \cdot \prod_1^7 0.95 = 20\,000 \cdot 0.95^7 = 13\,966.7$$

$$\sqrt{\delta y_{\text{adj}} = \left[\left(\prod_i c_i\right)\delta y_{\text{nom}}\right]^2 + \left[\left(y_{\text{nom}} \cdot \frac{\prod_i c_i}{c_1}\right)\delta c_1\right]^2 + \cdots + \left[\left(y_{\text{nom}} \cdot \frac{\prod_i c_i}{c_7}\right)\delta c_7\right]^2}$$

$$= \left(\prod_i c_i\right)\sqrt{(\Delta y_{\text{nom}})^2 + (y_{\text{nom}})^2\left(\frac{\Delta c_1}{c_1} + \cdots + \frac{\Delta c_7}{c_7}\right)^2}$$

$$= 0.95^7 \cdot \sqrt{(5\,000)^2 + (20\,000)^2\left(\frac{0.05}{0.95} + \cdots + \frac{0.05}{0.95}\right)^2} = 5\,146.8 \simeq 5\,000$$

因此，模型和估算过程中每增加一个因子，可以实现如下效果。

- 可能表面上使得估算更加准确：在上述例子中，因为所有因子都比 1 小，y_{adj} 相对于其原始值也减小了。
- 但是它的误差百分比增加了：现在大概是 36%，原来是 25%。

关键知识点	在这种捆绑方式中，模型中引入越多的成本因子，就给估算过程增加了越多的不确定性！

7.6 练习

1．当模型叠加了额外的成本因子、不确定性和风险时，你的公司里通常会怎么做？

2．当模型叠加了额外的成本因子、不确定性和风险时，在工程领域中通常会怎么做？

3．在估算过程中，调整阶段对制定决策有什么帮助？

4．请说明一下调整阶段是如何在决策时帮助识别乐观场景的？

5．很多模型都是如下的形式

$$y = A \cdot x^B * \left(\sum_n^i PF_i\right)$$

在该方程中 PF_i 代表每个成本因子的影响值。如果把这些成本因子的影响整合在一起，是否会有助于缩小估算范围？

6．很多模型的成本因子都是阶段函数形式的，成本因子的每个区间都对应一个明确的值。在这种结构下，使用这些成本因子，会带来多少不确定性？

7．如果一个线性模型的输入变量存在不确定性和误差，如何计算模型结果的不确定性？模型公式为 $\text{Effort} = a \times \text{Size} + b$？

8．如果一个指数模型的输入变量存在不确定性和误差，如何计算模型结果的不确定性？模型公式为 $y = A \cdot x^B$。

9．如果模型的输入变量存在不确定性和误差，如何计算模型结果的不确定性？模型公式为 $y = A \cdot x^B \times \left(\sum_{n}^{i} PF_i \right)$。

10．以重力的数学公式为例，请用你自己的话来描述在这个公式中，为了定量计算并得到各因素之间的关系，需要多少时间和试验？并描述在特定背景下（例如火箭发射），需要行业内投入多少精力对多种因素进行度量，以确定重力的取值。接下来，对于你公司的软件估算模型，按照前面得到重力的数学公式的方法来做同样的处理。

7.7 本章作业

1．在一个指数模型中，多个成本因子是整合在一起的（即捆绑式模型），它们本身即为多个估算子模型，选择其中的一个或多个成本因子，记录该因子可能的偏差范围。接着，分析这一偏差范围对整个模型结果的影响。

2．选择两个软件估算模型（可以从书中或网络中选择），解释这两个模型中的成本因子是如何进行“量化”的，并评价这一量化过程。

3．目前将成本因子引入软件估算模型的典型方法是什么？是经验法，还是工程化方法？请将这种方法与建筑业、商业或医药行业的类似估算实践进行比较，并评价软件工程使用的方法。

4．识别你所在公司估算模型中每个成本因子的误差范围。当把这些成本因子整合在一个估算模型中，模型的误差传播率是多少？

5．从网络上选择一个免费的软件估算模型，并确定该模型的误差传播率。

6．找一个基于用例个数的估算模型，并确定该模型的误差传播率。

7．找一个基于个人经验建立的估算模型，并确定该模型的误差传播率。

8．从网络上选择 3 个可用的软件估算模型，并获得由这些模型设计者提供的实验数据文档。你可以在多大程度上相信他们提供的信息？请向你的管理层和客户阐述你的观点，并对你的观点进行分类（是基于工程化，还是基于个人观点）。

9．请回想一下你最近估算的 3 个项目。你当时写的假设是什么？根据现在这 3 个已完成项目的信息，你当时应该进行哪些假设?

第三部分
建立估算模型：数据收集和分析

在本书中，对于生产率和估算模型的设计，我们使用了工程化方法，即首先建议基于合理的数据收集实践及相对简单的统计学技术，处理一小部分成本因子，以建立符合实际情况的模型为目标，并逐步实现。尽管模型较为简单，但仍可以为估算提供非常有用的信息。

该方法指导我们如何建立针对特定环境的简单模型——当然是在该特定环境下收集数据。

为了完成该任务，我们将介绍当今世界上得到完整项目历史数据集的最佳方法之一，即使用由国际软件基准标准数据组（ISBSG）收集和管理的项目数据库。我们也将介绍如何使用这些数据集建立单变量估算模型及多变量估算模型。

第 8 章介绍 ISBSG 软件项目数据库的结构，并对数据收集标准的要求以及如何在多组织背景下保证数据定义一致性的问题进行了讨论。

第 9 章介绍如何使用 ISBSG 数据库作为基准，以及如何使用该数据建立和评估生产率模型。

第 10 章讨论具有多个自变量的模型，包括非量化的变量。

第 11 章讨论如何识别并分析大规模经济项目和非规模经济的项目，并分享了与估算目的有关的见解。

第 12 章介绍如何分析数据集，以及结合经济学概念来判断在一个数据集中是否涵盖多个生产率模型。

第 13 章介绍对偏离轨道的项目进行二次估算的方法。

在多数估算情况中，估算者和经理们都希望可以快速且免费地找到成本因子，且这些成本因子是适用于多种软件应用领域的。然而，根据当前的技术发展现状及实践的现状（在软件估算、软件生产率数据和估算模型方面），"快速且免费"的方法经常伴随着质量极低或数据没有公开文档记录，且对基本经济概念和统计概念理解有误。

在不同领域的生产率数值当然是不一样的，而合理使用统计学技术在每个领域去探寻其真相是非常关键的。

本书的目的不在于展示每个应用领域成本因子的值（可能质量较低），也不在于强调那些很常用但效果不佳的估算实践，而是在于向读者介绍关于数据收集和数据分析的最佳工程实践，不论用于哪个软件领域。

本书的第三部分（第 8 ~ 12 章）提供了关于如何使用软件行业数据的例子和参考文献，这些行业数据包括由 ISBSG（行业数据的最大提供商）收集的数据。

合理使用 ISBSG 和其他数据需要具备基本的统计学知识，以便处理软件工程数据和从经济学角度对这些数据进行正确的解读，正如在商学院所教授的，以及从工程经济学角度对生产率分析的解读和后续的估算。本书提供的是对处理过程的指南，而不是具体数值。

ISBSG 的官网上确实会提供大量不同场景下的数据值，但是如何将其应用于某一特定组织的软件生产率流程中，取决于使用者。

第 8 章

数据收集与业界标准：ISBSG 数据库

本章主要内容

- 用于建立基准和生产率模型的数据收集要求。
- ISBSG 组织及其数据库。
- ISBSG 数据收集规程。
- 使用 ISBSG 数据库所需的准备：数据方面的问题以及多组织数据库的数据准备。

8.1 概述：数据收集的要求

生产率模型通常都是使用项目数据建立而来的。

- 项目都是已完成的。
- 并且有充分的文档记录：
  - 建立模型所需的变量可以量化；
  - 可以定性地刻画可能对项目造成正面或负面影响（导致高生产率或低生产率）的特征。

当一个组织有能力去收集这样的数据信息并建立自己的模型时（无论是单个模型还是多个模型，取决于项目或产品的特征），我们便有了坚实的数据基础：

- 量化地评价某个项目在其所属项目群中的性能如何；
- 识别和分析导致其生产率过低或过高的因素。

当进行这种性能比较时，组织通常不仅关注于估算，也关注基准。

- 从既往性能较高的项目中识别最佳实践。
- 通过避免那些导致历史项目生产率降低的因素达到减少项目风险的目的。
- 同时向其他项目推广那些有助于项目生产率提高的因素。
- 并制定过程改进方案以提高未来项目的生产率。

对于数据收集、进行有意义的数据分析以及合理估算的关键要求是所采集的数据只要在可行的情况下都需要进行描述和量化，并且要使用统一的定义及度量标准，以确保其可用于比较。

这意味着在收集历史数据进行识别、分类和度量之前，必须花费大量的时间对定义、分类标准及分配定量值的规则进行统一。

如果没有对每一个字段的数据收集标准达成一致，或是没有清晰的文档说明，那么从不同来源收集的数据很容易就会产生不同的解读（在没有明显错误的情况下）。

在进行数据收集工作之前，所有的定义和标准必须达成一致，并且获得大家的承诺；否则，收集的数据将无法用于比较。

在没有良好的数据收集标准的情况下建立生产率模型，并用于行业基准时，会对组织及同行业者都造成不利影响。

- 如果标准、定义及度量方法已存在，则组织在进行基准建立时需要使用它们。关于基准的各种类型详见进阶阅读 1。
- 如果这些不存在，则组织需要一并建立这些标准。

详细的数据收集规程通常需要非常谨慎地制定，以确保数据收集的一致性，以及所收集信息的完整性和无二义性。

组织中的各个部门更倾向于定义它们自己的数据字段含义，以确保其可以反映各自项目的特点。这种做法可以理解，却完全违背了跨部门及与业界其他同行业组织进行性能比较的目的。同时，当部门引进一门新技术并缺乏自己的历史数据时，这种做法也使得其无法使用业界性能数据。

我们建议业内人士以及研究学者去复用已经存在的数据，尤其是当其数据收集规则已被业界接受为事实标准时，正如 ISBSG 所发布的数据。

当然，组织可以在这个基础上不断积累数据，但是如果没有一个良好的基础作为开始，建立基准所花费的人力物力可能相当大。

此外，ISBSG 的数据收集标准是完全免费的，并且被多国软件度量协会认为是迄今为止最好的标准。

8.2 国际软件基准标准组

8.2.1 ISBSG 组织

国际软件基准标准组（ISBSG）成立于 20 世纪 90 年代，致力于提供一个全球范围的软件项目数据库。

- 该数据库提供的数据可用于不同目的，包括项目生产率比较以及基于生产率模型的工作量估算。
- 生产率数据和模型可以用于提高组织在项目策划和项目监控方面的整体能力。

通常情况下，ISBSG 包括了详细变量描述以及量化数据，可衍生出一系列比值，用于形成基准，其他类似的项目数据库也一样。

ISBSG 是非营利组织，“通过提供和不断开发标准化的、经过验证的、最新的且能代表当前技术的软件工程公用数据库，改进企业和政府对 IT 资源的管理”。

ISBSG 与各国软件度量协会有合作，包括澳大利亚、印度、日本、英国、美国等。

8.2.2 ISBSG 数据库

ISBSG 软件项目数据库为软件开发从业人员提供了行业标准化数据，可供他们利用此数据与所汇总的数据或单个项目数据进行比较。同时，此数据库提供全球软件开发的真实数据，可经过分析形成基准并用于估算。[Hill 及 ISBSG 2010]

ISBSG 把收集的数据整合至数据库中，并提供一个 Excel 形式的模板（见“MS-Excel 数据抽取”）列举出每个字段的样例，供从业人员和研究人员参考。ISBSG 在其数据库中收集和存储数据的过程如图 8.1 所示。

ISBSG 这张 MS-Excel 数据抽取表的全部内容可参考本章节的进阶阅读 2。

MS-Excel 数据抽取结果目前以最低的成本提供给业界，该成本大约等于组织付给一个咨询顾问一天工作量的价格（该成本显著低于组织收集自己的一套数据所花费的成本）。

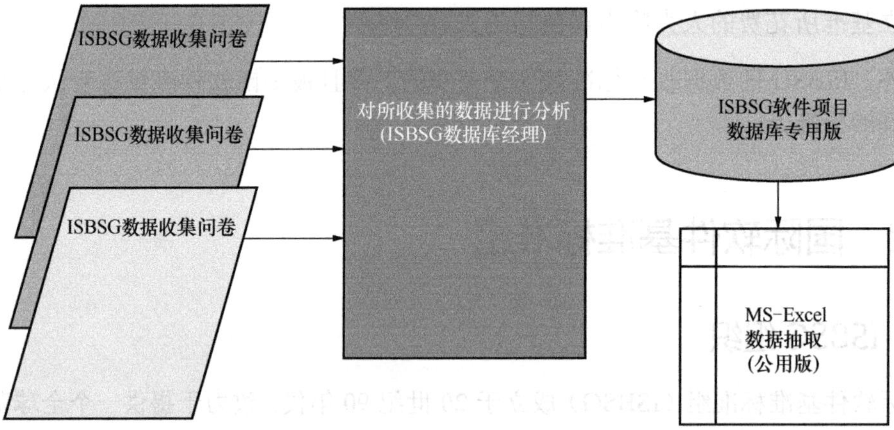

图 8.1 ISBSG 数据库入库过程（Cheikhi et al. 2006，经 Novatica 许可后引用）

举例来说，第 11 版 MS-Excel 数据抽取结果（2009）包含来自全世界 29 个国家的 5052 个业务领域的项目数据，比如日本、美国、澳大利亚、荷兰、加拿大、美国、印度、巴西和丹麦。

第 11 版-2009 抽取的数据包括不同的项目类型：增强项目（59%）、新开发项目（39%）和二次开发项目（2%）。

根据 ISBSG 声明，MS-Excel 数据抽取表按照以下软件应用分类进行分组：电信（25%），银行（12%），保险（12%），制造业（8%），金融业（排除银行）（8%），工程（5%），会计（4%），销售和市场（4%），运输和物流（2%），法律（2%），政府、公共行政和法规（2%），个人（2%），其他（11%）。

显然，软件行业的某些领域具有提供及分享量化信息的文化，如电信、银行及保险业。这些领域也受益于本行业众多的数据贡献者，能够获得更多的数据。

而其他领域没有投入资源进行信息收集和分享的传统，因此期望他们从数据库中受益，并用于建立基准和估算是不现实的。

8.3 ISBSG 数据收集规程

8.3.1 数据收集问卷

ISBSG 用于收集项目数据的问卷是公开的，包括以任何一种 ISO 认可的度量标准度量的软件功能规模。ISBSG 数据收集问卷的结构如图 8.2 所示。

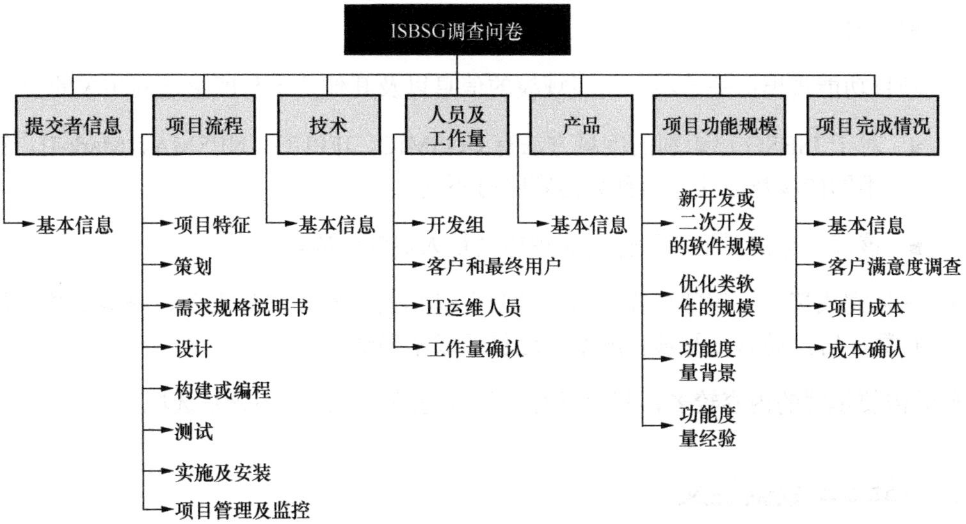

图 8.2 ISBSG 数据收集问卷的结构（Cheikhi et al. 2006，经 Novatica 许可后引用）

ISBSG 项目数据库的基础是其内部的数据库，如其数据收集问卷所示，包括 ISBSG 数据库的一些额外信息。

此外，ISBSG 提供了术语和度量元定义表，对项目数据收集很有帮助，并标准化所收集数据的分析和汇报方式。

ISBSG 数据收集问卷包括 7 个部分，并向下分割为多个子章节（见图 8.2）。

- 提交者信息：填写问卷的组织及个人信息。该信息由 ISBSG 保密保管。
- 项目流程：项目流程的信息。在该部分中，ISBSG 提供完善的术语定义，以及数据收集的简单结构，并且支持在项目间进行精确比较。

本部分收集的信息结构与软件生命周期中的各种活动顺序一致。正如 ISBSG 问卷中所定义的：策划、需求、设计、构建或编程、测试、实施及安装。

- 技术：开发或执行项目所用的工具信息。

ISBSG 问卷中，对于软件生命周期的每个阶段都列出了工具清单。

- 人员及工作量：包括 3 组人员——开发组、客户和最终用户、IT 运维人员。

本部分收集的信息是关于投入项目的人员及其角色和经验，以及他们在软件生命周期每个阶段所花费的工作量。

- 产品：关于软件产品本身的信息。比如，软件应用类型和部署平台，比如客户端/

服务器端。

- 项目功能规模：关于项目功能规模的信息以及其他几个与度量过程相关的变量。
  - ■ 对于 ISBSG 已识别的度量方法有 COSMIC、IFPUG、NESMA、Mark-II。针对不同的度量方法，该部分内容略有不同。
  - ■ 该部分也需要记录软件功能规模度量人员的经验。
- 项目完成情况：该部分需要填写项目总体信息，包括项目工期、缺陷个数、代码行数、客户满意度及项目成本，还包括成本确认。

问卷需要填写的内容较多，其中只有一部分是必填项，大部分是选填项。

8.3.2 ISBSG 数据定义

ISBSG 在定义这些收集内容时非常小心。ISBSG 所收集的数据刻度类型可划分为如下 3 类。

- 名词信息（项目管理工具名称、需求管理工具名称等）。
- 分类信息（开发平台：大型机、中型机、个人 PC）。
- 数字信息（按小时统计的工作量、按功能点个数统计的规模等）。

ISBSG 尽可能避免纳入那些需要个人判断的变量值，比如定序刻度的数值（例如从非常低到非常高），以及那些在不同组织及国家之间无法达成一致且可重复的变量。

举例：避免过于主观的判断赋值	尽管项目成员经验是非常值得收集的数据，但在业界对如何排序和划分成员经验等级没有统一的标准。

ISBSG 也使用一些现成的度量标准，只要是被国际机构（比如 ISO）接受的或者被业界认可接纳的。

- 比如，工作量按照小时统计（为了避免工作日长度不同，有些国家可能是 7h 工作制，有些可能是 8.5h）。

ISBSG 认可的所有关于功能规模度量（FSM）方法的 ISO 标准包括以下几种。

- ■ ISO 19761：COSMIC – 通用软件度量国际联盟[ISO 2011]。
- ■ ISO 20926：功能点分析 FPA（比如 IFPUG4.2，仅限未调整的功能点）[ISO 2009]。
- ■ ISO 20968：Mark II 功能点 – Mk II [ISO 2002]。

- ISO 24750：NESMA（功能点分析 FPA 的荷兰版 v. 4.1，其度量结果与 FPA 是相似的）[ISO 2005]。
- ISO 29881：FISMA（芬兰软件度量协会）。

- 这些标准同时也提供了在敏捷环境下进行功能规模度量（FSM）的应用指南，如 COSMIC[2011a]。

使用不同的 ISO 标准，对功能规模的度量偏差	*在理想的情况下，用来统计研究的规模数据应该采用完全相同的度量标准。*

某些项目可能同时使用了 IFPUG 和 COSMIC 两种方法度量，在使用这些项目数据建立模型时，应该考虑如何在这两种度量方法之间进行转换，可参考由 COSMIC 在其官方网站上发布的“高级及相关话题”章节中关于转换的描述。也可参考《Software Metrics and Software Metrology》一书中的第 13 章 [Abran 2010]。

当然，采集的工时数取决于以项目监控为目的而应记录工时数据的人员类型：在某个组织中，其工时汇报系统只记录直接分配给项目的人员工时，而在另一个组织中可能还会记录所有支持角色（一人兼职多个项目的支持工作）对该项目的投入工时。为了捕获这种项目工时记录上的差异，ISBSG 定义了一个“资源等级”参数，见表 8.1。

为了体现工作量数据的可靠性，ISBSG 也同时定义了工时统计方法，见表 8.2。

表 8.1 资源等级（ISBSG）

资源等级	描述
等级 1：开发团队	负责在开发活动中交付应用程序的人员。编写需求规格、设计及/或构建软件的团队或组织，通常也会执行测试及实施活动。该等级人员包括项目团队、项目管理人员、项目行政人员及为该项目指定的 IT 运维人员
等级 2：开发团队的支持人员/IT 运维人员	为最终用户提供支持及向开发团队提供专家服务的 IT 系统运维人员（不包括分配到该团队的人员），该等级人员包括数据库管理员、数据管理员、质量保证人员、数据安全负责人、标准支持人员、审计和控制人员、技术支持人员、软件支持人员、硬件支持人员和信息中心支持人员
等级 3：客户/最终用户	负责定义软件需求以及为软件开发提供资金的人员（包括软件最终用户）。项目客户和软件最终用户的关系可能各有不同，他们参与到软件项目中的方式也可能不同。该等级人员包括应用程序客户、应用程序用户、客户联络员和客户培训员

表 8.2 工时统计方法（ISBSG）

工时统计方法	描述
方法 A：员工工时（记录在案）	每个人在项目相关任务中所花费的所有工作量的日常记录。比如，该员工在某个项目中从早上 8 点工作到下午 5 点，中间有 1h 午餐休息时间，将记录为 8h 工作量
方法 B：员工工时（推算得到）	如果没有按照 A 方法记录每日工作量，也可以推算出来。工作量可能是按周、月，甚至是年记录的
方法 C：有效工时（记录在案）	每日只记录每个人在项目相关任务中所花费的有效工时（包括加班时间）。还是以方法 A 的例子为例，当非有效任务（例如喝咖啡、与其他团队沟通联络、行政事务、阅读杂志的时间等）被删除后，我们只记录 5.5h

8.4 完整的 ISBSG 单个项目基准报告：案例参考

对每一个发送至 ISBSG 的项目数据集，ISBSG 都会返回一个基准报告，该报告中包括如下 4 个部分的内容：

- 生产率基准；
- 质量基准；
- 对所提交的项目数据的评估；
- 标准化所提交的工作量数据。

第一部分：项目交付率——PDR ISBSG 基准报告的这部分内容是将所提交项目的生产率与数据库中项目的生产率进行比较。

ISBSG 用 PDR 度量生产率，即交付每个功能规模单元（IFPUG 方法以 FP 为单位；COSMIC 功能点方法以 CFP 为单位）所花费的时间（以小时计），见表 8.3。

表 8.3 项目规模、工时、开发类型等因素

项目规模	298 CFP
项目工时	12670 h
项目 PDR	42.5 h/CFP
功能规模方法	COSMIC – ISO 19761
开发类型	新开发

报告基准对比 PDR 时考虑了如下因素（在所提交的项目包含了以下信息的情况下）：

- 开发平台；
- 语言类型；
- 团队峰值规模；
- 开发方法是如何获得的。

表 8.4 也表明，该项目提供了其中 3 个主要因素（开发平台、开发方法、语言类型），并没有提供第 4 个因素的信息，即团队峰值规模。

表 8.4　项目交付率（PDR）的分布区间

影响因素	*N*	10%	25%	50%		75%		90%
开发平台：多个，所有项目均使用	25	1.5	4.9	10.2		40.7	*42.5	67.9
如何获得的开发方法：内部开发	10	1.8	5.0	7.7		23.6	*42.5	52.3
语言类型：3GL	19	1.5	5.2	28.3	*42.5	63.3		124.5

【例 8.1】 表 8.3 指出了该项目 PDR 在同一开发平台的所有项目 PDR 分布区间中所处的位置。（第一行：该项目 PDR 为 42.5h/FP，处于 75%的区间内，这表明在该特定平台分类下，该项目的 PDR 比 ISBSG 数据库中 75%的项目都高。）

ISBSG 报告在第一列即 *N* 列，也会显示 3 个因素分别有多少个项目与该项目进行比较。

【例 8.2】 表 8.3 表明，在该开发平台的比较中，*N*=25，该项目与 25 个项目比较；而在语言类型的比较中，与其比较的有 19 个项目。表 8.3 中的星号代表被比较项目的数值。

对于影响生产率最重要的两项因素是开发平台和语言类型，相关的图 8.3 展示了该项目与同一语言和开发平台的所有项目之间 PDR 的比较结果。

第二部分：项目缺陷密度。如果向 ISBSG 提交了项目缺陷数，在基准报告中会生成另一张表，见表 8.5。其表示了项目上线第一个月的缺陷密度（每 1000 个功能点的缺陷个数）与 ISBSG 数据库中项目的该指标对比。

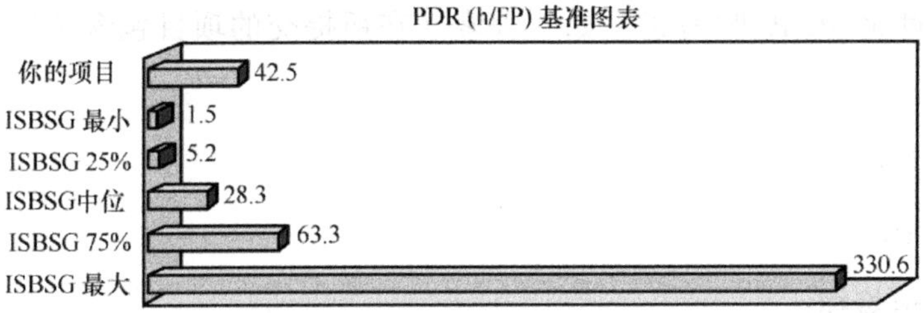

图 8.3 项目的单位交付时间，时/功能点

表 8.5 上线第一个月的缺陷密度

缺陷类型	项目	ISBSG		
		最小值	平均值	最大值
缺陷总数	*0/1000 FP	*0	17	91

第三部分：对项目所提交数据的评估。ISBSG 数据管理员会评估每个组织所提交的数据的质量,并在数据质量评分（DQR）栏中记录评估结果。

在如下文本框中，某项目的整体评分为 B，并附带评语，说明为什么对该项目如此打分。

对将纳入基准的项目的评分	B=临时评分，直到全部确认后会再次打分。整体完整性还可以。有完整的数据库，没有重大的遗漏。

ISBSG 数据管理员的 DQR 评分等级见表 8.6。

表 8.6 项目数据质量的评估等级

评分等级	评分说明
A	所提交的数据评估良好，没有识别出可能影响完整性的问题
B	所提交的数据基本良好，但存在某些因素可能影响数据的完整性
C	由于重要的数据缺失，无法对所提交数据进行完整性评估
D	由于一个或多个因素的影响，所提供的数据可信度很低

第四部分：标准化。为了使比较的结果有意义，ISBSG 报告中说明不论所提交的数据是整个开发生命周期的工作量还是其中一部分，都按照这样的原则转化：如果项目所提交的工作量只是项目生命周期的一部分，ISBSG 将通过计算得出标准 PDR（项目交付率）。相关内容参见 8.5.3 节。

8.5 使用 ISBSG 数据库前的准备

8.5.1 ISBSG 数据抽取表

图 8.4 所示的是通过购买得到的 ISBSG 数据抽取表的字段结构。当然，所有进行 MS-EXCEL 数据分析的人员都应该对该图中所有数据字段的定义非常熟悉。

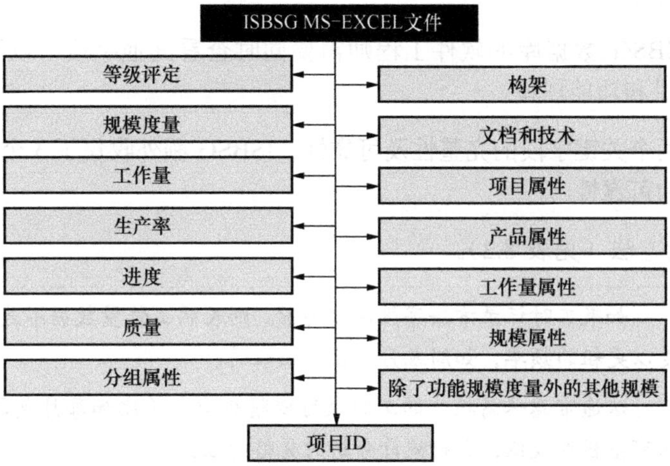

图 8.4 ISBSG 数据抽取表结构[①]（Cheikhi et al. 2006，经 Novatica 许可后引用）

8.5.2 数据准备：所收集数据的质量

在对任何数据库（包括 ISBSG 数据库）的数据进行分析之前，我们需要了解数据字段是如何定义、使用和记录的。在数据集准备阶段，我们需要进行如下验证：

- 数据质量验证；
- 数据完整性验证。

数据质量验证

工作量数据的质量很容易验证：

① 与 Alain 进行了讨论，表中的“除了功能规模度量外的其他规模”是指代码行或以其他自定义的功能规模度量单位。——译者注

- ISBSG 数据库管理员收集数据时就会对质量进行分析，并且会把自己的判断和评分记录在 DQR 栏中。

打分结果可能为非常好（A）到不可靠（D），见表 8.6。因此，建议只对 DQR 打分结果为 A 或 B 的项目（即所收集的数据完整程度很高）做进一步分析。

- 为了减少低质量数据的风险并提高数据分析报告的有效性，打分结果为 C 或 D 的项目通常在分析前会被排除。

数据完整性验证

想要使用 ISBSG 数据库的软件工程师需要同时查看其他字段，以验证以下两个数据的质量：工作量和功能规模。

为了确保这两个关键字段的完整性及可靠性，ISBSG 额外收集了 3 个相关字段，以验证工作量和规模的可靠性。

- 时间记录方法（见表 8.2）。

时间记录方法的重要性	如果工时记录方法字段评分为 B，则表明工作量数据不是每日统计的，而是以更粗的频率，如周或月，换算而来的。 这通常意味着报告的工时数可以猜测出来（比如每月或每周），因此数据的可信程度较低，进行统计分析时需格外注意。

- 未收集的工作量占比。
  - 该数据字段记录了所提交的工时是否比实际偏少。
  - 该字段的信息是关于可能存在的漏报工时占比，当然一般漏报工时是没有记录的，因此该数值可能为估计值。
  - 该百分比值不一定准确，但是可以表明所记录的工时缺乏准确性。
- 进行软件功能规模度量的度量人员的资质。
  - 该数据字段可指示所提交功能规模的可靠性。
  - 当然，缺乏功能规模度量经验的人员与具备超过 5 年特定度量方法经验的人员相比，其规模度量偏差可能较大。

功能规模度量的偏差来源	一个无经验或未接受过功能规模度量培训的人员，可能会忽略待度量软件的一些重要功能，尤其是当提供的项目文档描述得非常笼统，而不是一个非常详细的、经过批准的规格说明书的时候。

8.5.3 缺失的数据：工作量数据举例

还有一个必要的步骤是在进行数据分析时识别感兴趣的字段缺失数据的程度[Déry and Abran 2005]。

即使都是从工时统计系统中获得的工作量数据，实际上各个组织的数据也可能很不一样。

- 一种工时统计系统可能包括从最开始的策划阶段直到全面部署的工作量。
- 另一种工时统计系统可能只包括编码和测试活动的工作量。

为了捕捉到不同组织上报至 ISBSG 数据库的整体工作量之间的差异，ISBSG 要求数据收集员将其生命周期映射至标准 ISBSG 生命周期，包括 6 类活动：策划、需求、设计、编码、测试和实施。

- 项目总工作量在 ISBSG 数据库中是必填项，但是每个阶段的具体工作量则是选填项，而且经常是空的。

这种在工作量数据中存在的不均匀性使得项目总工作量[①]字段必须非常小心地对待，因为不同项目的生命周期覆盖范围并不相同。

因此，在使用 ISBSG 数据库进行数据分析时（由于数据来自多个组织，工作量数据覆盖的生命周期就有可能不同），首先评估数据的一致性非常重要。

在 ISBSG 数据库中，项目工作量可能是 ISBSG 定义的这 6 类活动的任意组合。工作量字段之间的差异详见表 8.7。该表收集了使用 IFPUG 方法进行度量的 2562 个项目，且这些项目的数据质量评估为较高（ISBSG 于 1999 年发布）。

在表 8.7 中，各列表示项目各类活动，各行表示在 ISBSG 数据库中识别的项目活动组合。可以看到，表 8.7 展示了数据库所有 31 种项目活动组合中的 8 种。

表 8.7 ISBSG1999 年发布的项目及其覆盖活动（摘自 Déry 和 Abran 2005，经 Shaker Verlag 许可后引用）

文件编号	项目个数	策划	需求	编码	测试	实施
1	11			√		
2	2			√		√
3	3					√
4	9	√	√			

① ISBSG 把项目工作量记录为“总工作量”.

续表

文件编号	项目个数	策划	需求	编码	测试	实施
5	405	√	√	√	√	
6	350	√	√	√	√	√
7	5	√	√		√	
8	1006					
总计	2562					

例如：

- 第 1 行和第 3 行的项目只包括一个阶段的工作量。
- 第 2 行和第 4 行的项目包括两个阶段的工作量。
- 第 6 行显示有 350 个项目覆盖了完整的 5 个阶段工作量。
- 第 8 行显示有 1006 个项目没有提供关于包含哪些活动的信息。

在上述收集的工作量数据中，其内容及范围差异巨大，同时这些工作量数据还有多种组合。那么，如何确保进行的基准比较有意义且建立的模型是充分的？

- 当然，生产率基准的建立与生产率模型的建立都是依赖于项目，然而不同项目的工作量数据包含的工作类型不尽相同，导致执行上述两项活动难度较大。
- 如果不考虑这些差异可能是很危险的。事实上，比如平均工作量，只有在特定背景下进行计算，其结果才是有意义的，并且每一种情况应该分别计算。

或者，也可以使用某些统计技术将这些数据进行标准化处理。

为了让用户可以用数据库进行较为有意义的项目交付率 PDR 比较，ISBSG 增加了一个附加字段——推算结果。该结果是将报告的项目数据进行全生命周期推算而得出的标准化工时。

标准化流程可以按照如下步骤操作。

- 每个阶段平均花费的工时（根据那些包含全部活动类型且每个阶段都有具体工作量数据的项目计算得到）。
- 对于那些没有对工作量进行分解、但是知道包含哪些活动的项目，对其工作量进行标准化，根据各活动工作量占整个生命周期的比率，进行推算。

- 如果项目提交的工作量包含全生命周期活动，则不需要对其进行标准化，实际工作量=标准化后的工作量；
- 如果项目没有提供阶段分解信息，则不可能对其工作量数据进行标准化；
- 如果所汇报的工作量只包括该项目的一两个活动，也可以进行标准化，但使用该结果作为全生命周期的工作量不是很有代表性。

对于该标准化结果的使用，需要特别注意。

进阶阅读

进阶阅读 1：基准对比的类型

一个组织进行基准对比的目的如下：

- 比较该组织与其他组织的软件开发效率；
- 识别导致效率水平较高的最佳实践；
- 在其组织中实施这些最佳实践，同时客观地展示更高的效率水平。

基准对比通常基于以下 3 个关键理念：

- 产品和服务的相关特性对比；
- 量化的和有书面记录的产品过程性能和/或服务交付性能对比；
- 识别出使其能够持续提供卓越产品与服务的最佳实践。

基准对比主要有两类：内部基准和外部基准。

（1）内部基准。

该类基准对比通常在组织内部进行。

- 比如，当前项目的生产率可以与同一研发组织前一年已完成项目的生产率进行比较。
- 同样，如果一个组织有多个研发部门，可以在组织内跨部门进行基准比较。

（2）外部基准。

该类基准对比通常是与其他组织进行比较，可能是某一行业特定地理区域的基准或是没有任何限制。

外部基准也有多种子类型，如竞争性基准和功能性基准等。

（1）竞争性基准。该类基准对比的做法是收集直接竞争对手的数据、比较其量化性能及分析偏差原因，并通过这个过程识别最佳实践。

当然，竞争性基准对比是很难做到的。一方面，竞争对手非常不愿意提供如此敏感的信息；另一方面，组织本身也不希望其竞争对手了解他们做得有多好，以及是什么方法使得他们的性能如此之高。

（2）直接竞争市场之外的基准对比。可以在直接竞争市场之外找到做类似产品和服务的组织，与其进行基准对比。在这种情况下，组织将会更愿意交换信息。

（3）功能性基准。当无法与直接对手进行竞争性基准对比或进行竞争性基准对比存在风险时，我们可以与非本行业市场，但提供类似或相关服务的组织进行基准对比，此时称为功能性基准。

软件行业功能性基准示例	● 对于一个开发支付系统的银行来说，可以与开发相似系统的保险公司或政府机构进行基准对比。 ● 对于一个开发保险系统的保险公司来说，可以与提供全国保险服务的政府机构进行基准对比。 ● 对于一个为酒店行业开发库存系统的公司来说，可以与提供机票预订系统的公司进行基准对比。

基准对比与单纯进行数据收集相比要复杂很多，具体表现是需要大量的数据分析知识，如：

- 执行基准对比；
- 要能够把基准对比结果转化为持续且有效的改进行动。

在提高数据分析能力的过程中（以用于基准对比和估算），类似于 ISBSG 这样的数据库可以在以下方面对软件行业提供帮助：

- 更好地理解数据库里众多变量中哪些是有因果关系的；
- 更好地识别出哪些关系对特定目标的达成最有贡献，目标可以为提高生产率、缩短交付时间等。

进阶阅读 2：ISBSG 数据抽取的详细结构

分类	字段
项目 ID	项目 ID
打分（2）	数据质量打分
	未调整的功能点打分
规模（4）	计数方法
	功能规模
	调整后的功能点
	调整系数
工作量（2）	汇总工作量
	标准工作量
生产率（4）	上报的交付率（经过调整的功能点）
	项目交付率（未调整的功能点）
	调整后的功能点的标准生产率
	未调整的功能点的标准生产率
进度（11）	项目运行时间
	项目暂停时间
	项目上线日期
	项目活动范围
	策划活动工作量
	需求活动工作量
	设计活动工作量
	构建活动工作量
	测试活动工作量
	实施活动工作量
	其他工作量

续表

分类	字段
项目 ID	**项目 ID**
质量（4）	轻微缺陷个数-在使用软件的第一个月发现的轻微缺陷的个数
	严重缺陷个数-在使用软件的第一个月发现的严重缺陷的个数
	极其严重的缺陷个数-在使用软件的第一个月发现的极其严重的缺陷的个数
	总缺陷个数-在使用软件的第一个月发现的所有缺陷个数——缺陷总数包括轻微缺陷、严重缺陷、极其严重的缺陷，或者没有拆分具体每类缺陷的个数直接以总体数据表示
分组属性（6）	开发类型
	组织类型
	商业领域类型
	应用类型
	程序包自定义
	自定义的程度
架构（7）	架构
	客户端
	客户角色
	服务器角色
	服务器类型
	客户/服务器描述
	网站开发
文档与技术（16）	策划文档
	需求文档
	需求技术
	设计文档
	设计技术

续表

分类	字段
项目 ID	项目 ID
文档与技术（16）	构建产品
	构建活动
	测试文档
	测试活动
	实施文档
	实施活动
	开发技术
	功能规模度量技术
	功能点标准
	所有的功能点标准
	参考表的方法
项目属性（23）	开发平台
	语言类型
	主要开发语言
	主要硬件
	次要硬件
	主要操作系统
	次要操作系统
	主要语言
	次要语言
	主要数据库
	次要数据库
	主要组件服务器
	次要组件服务器

续表

分类	字段
项目 ID	项目 ID
项目属性（23）	主要 Web 服务器
	次要 Web 服务器
	主要消息服务器
	次要消息服务器
	主要调试工具
	其他主要平台
	其他次要平台
	使用的 CASE 工具
	使用的开发方法
	开发方法如何获得
产品属性（4）	客户基础：业务部门
	客户基础：地理位置
	客户基础：并发用户
	目标市场
工作量属性（6）	记录方法
	资源等级
	峰值团队规模
	平均团队规模
	项目工作量比率：非项目工作量
	未收集的工作量占比
规模属性（8）	本章根据所选的功能规模度量方法的不同（IFPUG、COSMIC、NESMA，……）内容将有所不同

续表

分类	字段
项目 ID	项目 ID
规模属性（8）	新增的规模
	修改的规模
	删除的规模
除了功能规模度量外的其他规模（2）①	代码行数
	除了声明之外的 LOC

8.6 练习

1．为什么组织会投入人力物力进行基准对比？

2．为什么使用标准方法进行数据收集较为重要？

3．组织处于何种过程成熟度等级时进行基准比较才是值得的？每一种成熟度等级从基准比较获得的益处都是相同的吗？请解释一下。

4．请识别在基准比较过程中的关键成功因素。

5．请识别在基准比较过程中的关键失败因素。

6．ISBSG 是一个什么样的组织？

7．ISBSG 是如何收集数据的？

8．ISBSG 数据收集问卷中哪一部分是针对软件项目的？

9．ISBSG 统计软件项目功能规模数据时，采用了哪些 ISO 标准？

10．3 种人力资源水平之间的主要区别是什么？

11．在 ISBSG 基准报告中，项目交付率——PDR 是什么含义？

① 与 Alain 进行了讨论，表中“除了功能规模度量外的其他规模”是指代码行或以其他自定义的功能规模度量单位。——译者注

12. 在 ISBSG 基准报告中，你的项目的 PDR 是如何与 ISBSG 数据库中其他项目 PDR 进行比较的？

13. 在 ISBSG 基准报告的第四部分中，进行工作量标准化考虑了哪些方面？

14. ISBSG 数据管理员是如何评估所提交数据的质量的？

15. 为了进行基准对比及生产率建模，为什么必须先对工作量数据进行标准化？

8.7 本章作业

1. 对照 ISBSG 关于工时统计方法和工作量分解的定义（见表 8.2 和表 8.6），检查公司的工时汇报系统。

2. ISBSG 问卷的数据字段中，定比数据和定类数据的比例是多少？

3. 当你参考 ISBSG 数据库（或其他数据库）进行数据分析时，哪些准备是较为重要的？

4. 按照不同功能规模度量方法进行规模度量的项目之间的区别（和影响）是什么？

5. 工作量按照不同的工时定义收集的项目之间的区别（和影响）是什么？

6. 如果公司没有历史项目的数据库，如何检测所使用的外部数据库（如 ISBSG 或其他数据库）与组织的相关性？在这种情况下，你有哪些建议？

7. 收集其他软件工程课程[①]所做的项目数据，并把其性能与 ISBSG 数据库中类似项目的性能进行比较。比较两者的生产率，并讨论他们的数据背景有什么不同之处（例如，课程数据：课程领域、学生情况、收集方法等；ISBSG 数据：行业、样本、质量等）。

8. 获取已完成项目的所有文档，并完成该项目所需的所有工作量。根据项目最开始所分配的预算来评价项目的估算情况。请通过数据的比较来进行评价，并向管理层提出改进建议。

9. 找出 5 个你想向 CIO 推荐进行基准对比的组织，并解释推荐理由。你向 CIO 推荐的这 5 个组织有什么特别之处？为什么这 5 个组织会向你的公司分享数据呢？

10. ISBSG 在其网站上公布了来自哪些国家的多少数据。有多少项目数据来自你的国

① 本书是作为大学教材使用，此题中的软件工程课程是指在除了软件项目估算或软件项目管理之外，学生在大学期间还需要学习的其他软件工程类课程，如编程语言课程、设计方法课程、测试技术课程等。——译者注

家？解释此数字的含义，参考同等规模的其他国家。为什么其他国家他们提供的数据更多？是什么因素导致的？

11. 从 ISBSG 网站上下载数据收集问卷，并使用该问卷收集项目数据。从一张问卷中，你能收集到多少字段的数据？这些数据占字段总数的比例是多少？为什么你无法收集到全部的数据？对于那些你无法收集的数据，它们对项目监控和项目管理没有意义吗？

第9章

建立并评价单变量模型

本章主要内容

- 建立数学模型所使用的工程化方法。
- 使用 ISBSG 数据库建立模型。
- 使用 ISBSG 前的数据准备。
- 根据样本进行数据分析。

9.1 概述

第 8 章阐述了在建立软件生产率模型时，使用有标准化定义的源数据的重要性，并推荐使用由 ISBSG 发布的数据收集标准。

当然，实践者希望把其他一些成本因子考虑在模型内，因为这些成本因子预计都会对工作量产生影响。而我们这里介绍的工程化方法不会一次性把所有对工作量有影响的成本因子都考虑在内，而是每次只研究一个成本因子，以免它们对工作量的影响互相干扰，然后再把这些因子合并到一个模型中。

在本章中，我们将展示如何从工程角度建立模型，即基于以下方式：

- 对历史项目的观察；
- 确定变量的刻度类型，以确保在生产率模型中正确使用这些变量；
- 每次只分析一个变量的影响；

- 从统计学的角度选择相关的样本，且样本点充足；
- 对所使用的数据集进行记录并做图形化汇总分析；
- 在所收集数据覆盖的区域之外不进行任何推断。

工程化方法并不保证只用一个模型就可以适合于所有情况，相反，工程化方法是为了在已识别全面的且可理解的约束条件下，找到比较合理的模型。

本章描述的方法为建模提供了基础，具体如下：每次只关注一个变量与工作量的关系，每次只研究一个变量。

这也就意味着最开始每个变量可能得到一个模型，并且要意识到：

- 只包含单一变量的模型是不完美的（因为这个模型不会把其他变量考虑在内）；
- 但是这个模型会告诉我们，该单一变量与因变量（工作量）的关系。

本章将阐述如何使用从 ISBSG 数据库获取的数据建立模型，并考虑软件工程数据集的一些特性。

9.2 谨慎为之，每次只有一个变量

9.2.1 关键自变量：软件规模

如今，人们已广泛认识到软件规模是影响项目工作量的重要因素。大量基于统计学的研究报告也证实了这一观点。如图 9.1 所示，产品规模决定项目工作量。

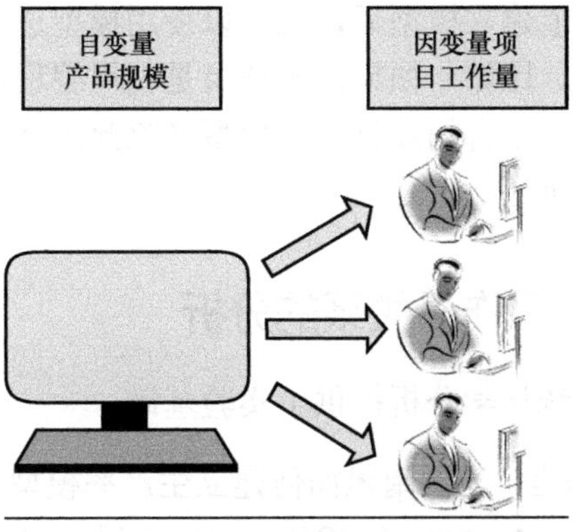

图 9.1 产品规模是项目工作量的关键因素

然而，人们也意识到规模并不是唯一的影响因素，要提高生产率模型的相关性，必须要考虑很多其他的因素。

在 ISBSG 数据库中，有很多类型的项目，它们有这样的特点：

- 它们来自不同的国家；
- 不同的业务应用领域；
- 使用不同的开发和部署平台；
- 多种开发方法；
- 多样的开发工具；

……

和软件规模一样，以上所有因素也都会对工作量造成影响。因此，我们可以将 ISBSG 数据集视为一个多样化项目数据库。这一数据库使用完整的 ISBSG 数据集建立的模型，如果只有一个自变量——规模，则不太可能得到与工作量之间的强相关。

要先研究规模与工作量的关系，如何隔离其他因素？

- 常用的策略是在完整数据库中隔离那些在同一限制条件下很有可能表现的一样（但不需要完全一样）的样本。
- 在该样本集中，用于建立样本的条件就变成了常量，因此不需要再包含在生产率模型中：
  - 对于限制条件的每个取值，都可以建立不同的生产率模型；
  - 当为每个条件取值建立模型后，就可以使用模型进行比较以分析不同的条件取值对模型的影响。比如，如果样本项目是使用编程语言开发的，那么就可以为每组使用相似编程语言的项目建立模型（除此之外，在每一个样本中，编程语言就不再是变量而是常量）。

9.2.2 在一个样本中对工作量关系的分析

ISBSG 数据库为如下的统计学分析提供了实验基础。

- 我们以变量“编程语言”为例阐述如何建立生产率模型。因为编程语言是名词类型的数据（如 C、C++、Access、COBOL、Assembler、Visual Basic），所以它的值不能直接作为一个量化变量处理。

- 在实践中，每一类编程语言在统计分析中都看作一个单独的变量。

ISBSG 数据库存储了超过 40 种编程语言的项目，其中有些项目的数据很多，有些则很少。当然，统计技术的有效性取决于建立模型所使用的数据点个数：

- 理想情况下，每个变量都应该有至少 30 个数据点；
- 实际情况中，20 个数据点就是统计学上比较合理的数字了；
- 然而，如果数据点小于 20，就要引起注意了。

本章选择的方法是在 ISBSG 数据库中识别出足够多的项目，并根据它们的编码语言分别进行统计分析。

工程化方法要求的模型参数不能是基于主观判断，而是基于从足够多的样本数据中得到的，这才具有统计意义。

以下是在数据可用的前提下可能需要的准备工作：

- 数据准备；
- 统计工具软件；
- 数据分析。

这部分内容将与 9.3 节使用来自 ISBSG 数据库[①]的数据一同讲解。

9.3 数据准备

9.3.1 描述性分析

本节使用的数据集是 ISBSG 数据库于 1999 年 12 月发布的版本（R9），该版本包括来自 20 个国家的 789 个项目的详细信息。

我们首先针对该版本的 ISBSG 数据库进行分析，挑出可纳入本次分析的项目。

所选择的项目必须满足如下标准。

- 数据点的质量方面没有疑点。

① 可参考 Abran, A.; Ndiaye,I.;Bourque, P.(2007)《对黑盒估算工具的评价：研究报告》，尤其是《软件过程评估度量方法的改进》软件过程改进与实践期刊，Vol. 12, no.2, pp, 199-218.

ISBSG 数据库管理员会判断数据是否完全满足 ISBSG 数据收集质量要求，并为每个项目分配一个质量等级，即代表 ISBSG 完全认可所收集的项目数据。

- 收集了项目工作量（人时）。
- 收集了编程语言。

此外，根据本次研究的目的，只选择了项目工作量大于等于 400 人时的项目，为了消除多数情况下小项目只是由一个人完成而引起的偏差，这种情况下人员差异也会导致项目绩效差异。

同时满足如上准则的 497 个项目的描述性统计数据见表 9.1。这些项目完成的平均时长接近 7000h，标准差却大到 13000h，这也印证了为什么中位数是 2680h，而最小值是 400h，最大值高达约 140000h。

表 9.1 对 ISBSG R9 符合要求的样本点的描述（N=497）（Abran et al. 2007，经 John Wiley & Sons, Inc 许可后引用）

统计函数	工作量（人时）
最小值	400
最大值	138883
平均值	6949
标准差	13107
中位数	2680

我们选择使用线性回归统计技术来建立这些生产率模型，因为实践者更熟悉该方法，而且该方法易于理解和使用。

9.3.2 识别相关样本和离群点

将 ISBSG R9 中符合要求的项目按照不同的开发语言分组，每个样本单独进行分析。

估算的自变量是项目规模，即输入变量的单位是功能规模（如功能点-FP）。

当然，每个样本的常量是编程语言。除了这些准则，还需要完成两个步骤，如下所示：

- 数据集的可视化分析；
- 识别明显的离群点（见 5.4 节），以便对规模的分布区间是否合理进行经验判断（见

6.6 节）。

很多软件工程数据集都是非同质的，可能呈楔形分布[Abran 和 Robillard 1996; Kitchenham 和 Taylor 1984]，并且可能存在影响模型建立的离群点。

因此，对每个样本都分析了是否存在离群点以及可直观辨认出来的分布模式，可以得出结论——一条简单的直线不足以代表这组数据。

- 比如，在一段规模区间内的功能规模和工作量的关系是一种模式，而在另一段规模区间内两者关系是另一种模式。
- 如果能识别出是这种模式，那么这个样本就要再分成两组子样本，当然要在有足够多的数据点的前提下，包含离群点的样本和删除离群点的样本都要进行分析。

在各个编程语言样本中，都使用该方法进行分析。

下一步是按照编程语言把 497 个项目划分为多个样本。由于规模较小的样本缺少统计显著性，因此为了便于汇报，对于某编程语言少于 20 个项目的样本将不作进一步分析。

本次分析中，5 个不同编码语言的样本如表 9.2 左栏所示，以及对应数据点个数（N）和每个样本的功能规模区间。

表 9.2 按照编程语言分类的样本（包含及剔除离群点的数据）-ISBSG 1999 年发布（Abran et al. 2007，经 John Wiley & Sons, Inc 许可后引用）

包含所有数据的样本点以及规模区间			剔除离群点的子样本以及子规模区间		
编程语言	N	功能规模区间	N	功能规模区间	删除的离群点个数
COBOL II	21	80～2000	9	80～180	6
			6	181～500	
Natural	41	20～3500	30	20～620	2
			9	621～3500	
Oracle	26	100～4300	19	100～2000	7
PL/1	29	80～2600	19	80～450	5
			5	451～2550	
Telon	23	70～1100	18	70～650	5

然后把按照编程语言区分的这 5 个样本分别进行图形化展示与分析，展示为双坐标轴

形式（功能规模和工作量）。当图形化分析表明样本中存在离群点可能造成潜在影响时，将把这些离群点删除并建立子集以进行进一步分析（见表 9.2 右栏）。

图形识别离群点	如果一个样本中的某个项目比其他类似规模项目的工作量大很多，这表明，对比这个样本的所有项目，这个项目的规模对工作量的影响程度非常小。 在这种情况下，我们可以假设至少存在另一个变量，且这个变量对工作量的影响比较大。

这个样本中的一个项目的工作量可能比其他类似规模的项目工作量要小得多。

这也可以作为一个生产率极端的例子（见第 11 章）。

图 9.2a 和图 9.2b 所示的分别是 Oracle 和 COBOL II 的例子。

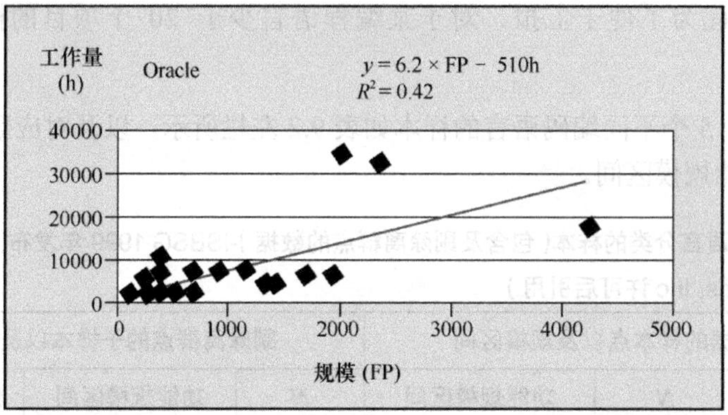

(a)

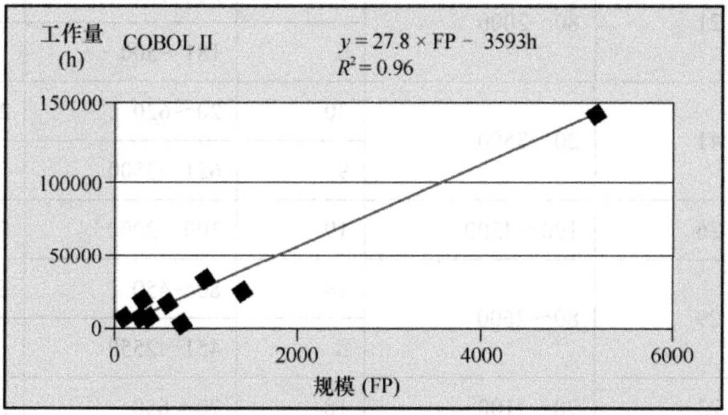

(b)

图 9.2 Oracle 和 COBOL II 所有数据，包括离群点（经 John Wiley & Sons, Inc.许可后引用）

因为我们主要感兴趣的是规模对工作量的影响，当数据如此明确地呈现出其他变量为主要影响因素时，即有充分的理由删除它。

离群点的类比	如果做个类比的话，这个删除数据的步骤类似于对身体健康人群样本的动态研究，那些不符合这个特征的人群（如身患绝症的人群），将会被排除在研究之外。

每种编程语言被删除的离群点显示在表 9.2 的右侧。

- 第二个样本中删除了影响规模-工作量关系的离群点，包括一些规模很大、对回归模型有过分导向作用的项目。
- 本章中，对于包含全部数据的样本和删除离群点的样本都进行了分析，以展示把离群点删除后对分析结果的影响。

在本章中，我们只通过图形分析来识别离群点。在 5.4.2 节中，我们介绍了用其他更先进的统计技术识别离群点的方法。

接下来，我们通过图形分析每种编程语言的分布情况，查看是否存在不同的规模-工作量关系。我们可以基于如下两个原因将该样本继续划分子集：

- 不同规模范围内明显存在不同的线性关系；
- 不同规模区间内有不同的数据点密度（存在不同的分布模式）。

对于有疑问的编程语言样本，可能单一线性模型无法很好地描述该样本。我们可以尝试探索非线性模型，但是通过观察两个区间内的图形可以看出，每个区间内都可以找到一个代表该子集的线性模型，且线性模型更易于理解（见图 9.2）。

- 规模值较小的区间内，其数据点较多，规模区间范围也相对较窄。
- 第二个区间数据点较少，而跨越的区间范围较宽。

9.4 模型质量和模型约束条件的分析

在本节中，我们着重分析一个样本，即使用 Natural 编程语言的项目（项目数 $N = 41$）。

Natural 编程语言在 20 世纪 90 年代后期较为流行，该编程语言只能用于某种数据库管理系统（DBMS）。

该样本的回归分析如图 9.3 所示，其中 x 轴为功能点，y 轴为实际工作量。

包含本样本所有数据的线性模型如下

$$Y = 10.05 \times \text{FP} - 649\text{h}，\text{回归系数 } R^2 = 0.86$$

然而，公式中常量（649h）是负数，这与经验不符。当项目的规模为 0 时，减号应该解释为工作量为负数——这当然是不可能的。

此外，通过图 9.3 所示的数据走势可知，有部分潜在离群点可能对模型有过度影响，比如，某项目有 3700FP，几乎是大部分项目的 3 倍。这意味着该项目很有可能影响模型走势，如果删除该项目，模型对工作量的拟合程度会显著降低（回归系数 R^2 可能低于 0.86）。

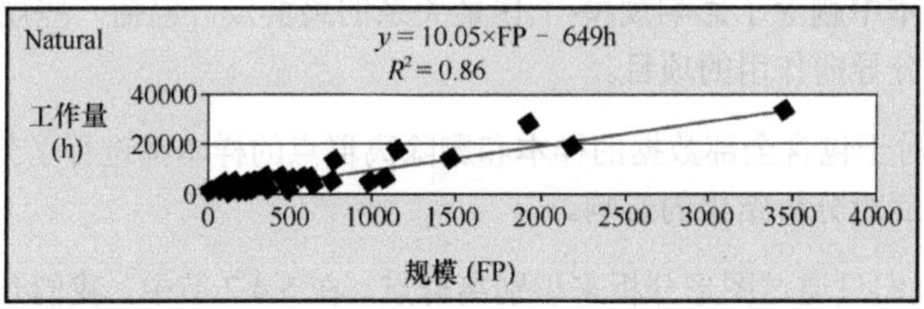

(a)

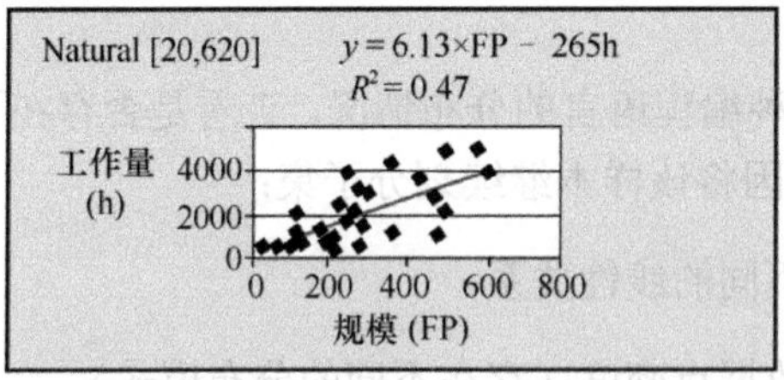

(b)

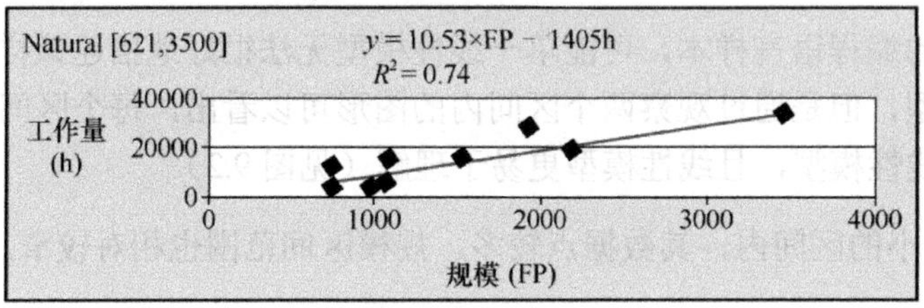

(c)

图 9.3 使用 Natural 编程语言的项目的回归分析

（a）$N = 41$（包括离群点）（b）规模< 620FP（$N = 30$）

（c）规模> 620FP($N = 9$)（Abran et al. 2007，经 John Wiley & Sons, Inc.许可后引用）

通过图形分析还可以得出另一个结论。我们可以将该组数据集分成两个不同子集。

- 一个子集是从 20FP 到 620FP，有 30 个项目（见图 9.3b）。
- 另一个子集分布较稀疏，9 个项目，从 621FP 到 3700FP 之间，这个规模区间较大（见图 9.3c）。

9.4.1 小项目

我们可以看出，在功能规模是 20 和 620 个功能点之间的项目样本，自变量和因变量之间只有一种较为合理的关系，其生产率模型（见图 9.3b）为

$$Y = 6.13 \times \text{FP} + 265\text{h}，R^2 = 0.47$$

这个回归系数是 0.47，表明了数据点的分散程度，但仍然表示规模是正向影响工作量的。

在这个模型中，常量 265h 代表不依赖于规模的那部分工作量，同时正向斜率代表变动成本，意味着当规模增加时这部分成本也随之增加。

9.4.2 大项目

对于规模大于 620FP 的项目（见图 9.3c），模型为

$$Y = 10.53 \times \text{FP} - 1405，其\ R^2 = 0.74$$

但是，由于该规模区间只有 9 个数据点，因此我们在对数据进行解读时需要特别注意。

因为该区间的规模相对较大，公式中的常量是负数（−1405h）。这与常理不符，意味着该模型不应该在它的样本数据范围之外使用——该模型对 620FP 以下的项目不适用。

9.4.3 对于实践者的启发

用所有数据样本建立的模型回归系数最高 $R^2 = 0.86$，即使这样这也不意味着这个模型就最实用。

当实践者在估算某个项目时，该项目会有一个预估的规模。

- 假设该项目规模估计为 500FP，实践者应该选择由小项目建立出来的生产率模型。建立该模型所使用的样本位于同样的规模区间且有足够多的样本点，其回归系数是 0.47（这表明，在该规模区间中还隐藏了相对较大的偏差），以及在此规模区间内的项目都有一个初始的固定成本。
- 如果我们假设待估算项目的规模为 2500FP，那么实践者既可以选择使用根据所有数据点建立的模型，也可以选择相应规模区间子集的模型。每个模型的优势和劣势如下：

- 根据全部数据建立的模型样本点更多，并且回归系数也更高（$R^2 = 0.86$）；
- 根据大项目子集建立的模型只包含 9 个数据点，且回归系数较小（$R^2 = 0.74$），因为只有 9 个项目数据，其统计学代表性较弱。

尽管有上述提到的准则，但是根据估算的目的，也可以选择根据大项目子集生成的模型，因为该模型给管理者提供了更多的项目相关信息。

- 只用 9 个大项目数据建立的模型说明这个样本容量很小，在使用时需特别注意。

项目经理需要估算结果（一个数字），但也需要了解这个数字的可靠性和使用风险。该模型可以为项目经理提供最近似的相关信息。

- 如果建立模型使用的整个数据集分布较为稀疏，就会降低模型的可靠性。如果忽略该事实，在估算大项目（2500FP）时项目经理对估算结果的信心会过高，实际上数据没有如此高的置信度。该模型没有为项目经理提供最相关的项目信息。

9.5 根据编程语言分类的其他模型

在本节中，我们将介绍根据其他 5 类编程语言的项目数据建立的模型，其中每类编程语言都有超过 20 个项目数据。

表 9.3 所示的线性回归模型是直接来源于 ISBSG R9 数据库中的数据。

- 左边是 5 个样本，包含离群点以及所在的规模区间。
- 右边是删除了离群点后的样本。部分样本按照规模区间拆分，是通过使用与上一章节相同的方法进行图形分析后得到的结论。

表 9.3 展示了每个模型的回归系数 R^2。其中，Oracle (100, 2000)、PL1 (80, 450)和 Telon (70，650)这 3 个由 ISBSG 数据库得来的模型如图 9.4 所示。

由生产率模型的 R^2 的分析（包括离群点和删除离群点）可以看出，离群点是如何扭曲规模-工作量的关系的。

比如：

（1）跟大多数点相比，离群点背后可能隐藏着更强的规模工作量关系。

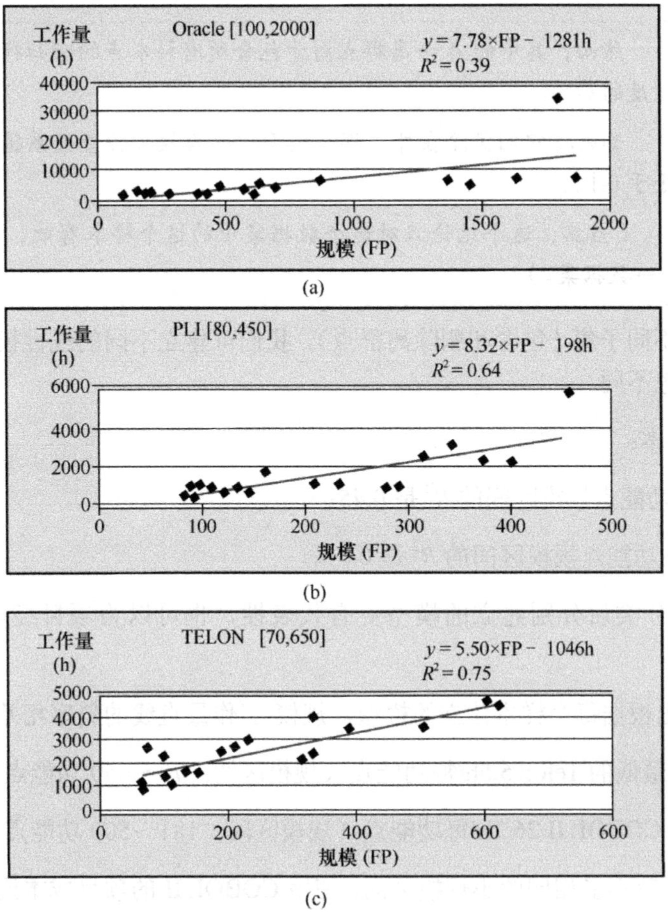

图 9.4 直接由 ISBSG 数据库得来的生产率模型（Abran et al. 2007，经 John Wiley & Sons, Inc.许可后引用）

PL1 样本	PL1 样本（包括离群点）的 R^2 很小，只有 0.23。 然而，当从该样本的 29 个项目中排除 5 个离群点后，该样本可分为两个规模区间，其对应的 R^2 分别为 0.64 和 0.86。

（2）离群点有时可能会导致数据看起来是存在规模-工作量的关联关系，且这种关系有时比删掉离群点之后的关联性更强。

C++样本	C++样本（包括离群点）的 R^2 是 0.62，共 21 个项目（在前一个表中没有展示），误导我们相信规模和工作量之间是强相关的。

C++样本	然而，其中的 4 个离群点对于包含所有样本点的回归模型有主要甚至是过度的影响。 如果把它们排除在外，那么模型中的规模工作量关系将变得非常弱（R^2 小于 0.1）。 （当然，这个结论只对这个数据集中的这个样本有效，不能通用于所有 C++数据集。）

对于样本的不同子集（包含和删除离群点），我们可建立不同的线性模型，当然规模工作量的相关程度也不同。

COBOL II 样本：

- 80～180 功能点规模区间的 R^2 是 0.45；
- 181～500 功能点规模区间的 R^2 是 0.61。

可以看出，分类后分别建立的模型更有代表性，也可以为项目经理提供更详细的信息。

我们可以看出根据每个样本建立的模型，规模-工作量直线的斜率相差较大。

- 该斜率从最低的 Telon 5.5h/每功能点（规模区间：70～650 功能点）。
- 到最高的 COBOL II 26.7h/每功能点（规模区间：181～500 功能点）。

这表明，对于差不多相同的小规模区间，使用 COBOL II 的项目成本比使用 Telon 的成本高 5 倍。然而，也需要注意在 181～500 规模区间内，只有 6 个 COBOL II 项目，且固定成本是负数。因此这种比较的代表性很有限。

观察表 9.3 右边（生产率模型，删除离群点），样本可以根据其规模工作量关系分为两个组：

（1）对于 R^2 >0.7 的编程语言，表明规模与工作量是强相关的。

- Natural 的规模区间 631～3500 功能点。
- Telon 的规模区间 70～650 功能点。

（2）对于 R^2＜0.7 的编程语言，表明规模-工作量是弱相关的。需要注意的是，对于某些子集，数据点较少（N＜20），或者范围区间对于其所包括的数据点个数来说太大了。

PL1 样例	对于 PL1，有 5 个数据点，在 451 和 2550 功能点之间，斜率较为合理，固定成本是负数（但很小）。虽然 R^2 是 0.86，但只能作为参考和尝试模型，因为样本在本区间内太分散了。 每个回归模型的性能分析见表 9.4，如下提及的质量标准在 6.2.3 节中进行了详细介绍。

- 相对均方根（*RRMS*）误差。
- 预测水平 *PRED*（0.25）。

RRMS 误差＜30%且 *PRED*(25%)>55%的最好的 3 个模型为 COBOL II[80, 180]、PL1[451, 2550]和 Telon[70, 650]。

表 9.3 根据 ISBSG 数据得来的回归模型（包括离群点与删除离群点）（Abran et al. 2007.经 John Wiley & Sons, Inc.许可后引用）

包括离群点的样本						不含离群点的样本		
语言	项目个数	规模区间	生产率模型(线性回归方程)	R^2	项目个数	规模区间	生产率模型（线性回归方程）	R^2
COBOL II	21	80～2000	$Y = 28 \times FP - 3593$	0.96	9	80～180	$y = 16.4 \times FP - 92$	0.45
					6	181～500	$y = 26.7 \times FP - 3340$	0.61
Natural	41	20～3500	$y = 10 \times FP - 649$	0.85	30	20～620	$y = 6.1 \times FP + 265$	0.47
					9	621～3500	$y = 10.5 \times FP - 1405$	0.74
Oracle	26	100～4300	$Y = 6.2 \times FP + 510$	0.42	19	100～2000	$y = 7.8 \times FP - 1281$	0.39
PL/1	29	80～2600	$y = 11.1 \times FP + 47$	0.23	19	80～450	$y = 8.3 \times FP - 198$	0.64
					5	451～2550	$y = 5.5 \times FP - 65$	0.86
Telon	23	70～1100	$y = 7.4 \times FP + 651$	0.85	18	70～650	$y = 5.5 \times FP + 1046$	0.75

表 9.4 ISBSG 回归模型性能（删除离群点的样本）（Abran et al. 2007，经 John Wiley & Sons, Inc. 许可后引用）

编程语言和规模区间	*RRMS*（%）	*PRED*（0.25）
COBOL II[80, 180]	29	78
COBOL II[181, 500]	46	33

续表

编程语言和规模区间	*RRMS*（%）	*PRED*（0.25）
Natural [20, 620]	50	27
Natural [621, 3500]	35	33
Oracle [100, 2000]	120	21
PL1 [80, 450]	45	42
PL1 [451, 2550]	21	60
Telon [70, 650]	22	56

使用Natural语言的项目样本	对于使用 Natural 语言的样本，其 *RRMS* 说明：多估和少估的可能性，对于[20，620]区间的 30 个小项目来说是 50%，对于[621，3500]区间的 9 个项目来说是 35%，而相应的 *PRED* 分别是 27%和 33%。

以上模型的性能水平是基于来自多个组织的数据集：

- 以单一自变量（功能规模）为基础；
- 固定编码语言为常量并且删除了样本中明显的离群点；
- 图形观察样本点的分布情况并根据规模工作量可能存在的不同关系，把样本分为两个规模区间；
- 每个区间有足够多的样本点。

在表 9.2 和表 9.3 中，很多模型的常量都是负数。在生产率模型中，这意味着需要作进一步的分析并探讨其实际意义以及需要采取的措施。下文中的实践建议在 2.4.1 节中展示过，该建议有助于进一步分析。

常量为负数的线性回归模型	实践建议： （1）在 x 轴上识别出与模型交叉的规模值。 （2）把数据集分成两个子集： a. 从 0 到模型与 x 轴的交叉点之间为一组； b. 大于交叉点之后的数据为一组。 （3）为每个子集建立模型（a：规模小于交叉点；b：规模大于交叉点）。 （4）根据待估算的项目规模，选择用 a 模型还是 b 模型。

9.6 总结

在本章中，我们阐述了建立单变量模型的工程化方法，步骤如下。

- 对于已完成的项目数据的分析。
- 每次只针对一个变量，分析其与工作量的关系。
- 根据估算目的把一个数据集拆分为多个有意义的样本，即
  - 删除明显的离群点；
  - 建立子集时考虑规模区间内的数据点个数。

注意：我们将在第 10 章介绍建立多变量生产率模型的方法。

在工程化方法中，我们的目标不只是找到生产率模型，而是要通过模型提供有价值的信息。

为了建立模型，我们使用了 ISBSG 数据库，并把该数据库按照不同的编码语言分为多个子集，每个子集都有足够多的数据点进行统计分析。对于每个子集分别研究其规模与工作量的关系。我们也注意到编码语言和规模区间也会影响规模与工作量的关系。

- 以上直接得到的模型跟其他研究人员针对早期小范围的多组织数据库[Albrecht 1983; Kemerer 1987]建立的模型性能一样好，如果换成更新的软件项目数据在相似条件下做出的结果也是一样的。
- 对于某些编程语言，将同一语言的各组织项目数据合并起来建立的模型，其规模工作量偏差范围在该报告中已给出（R^2 大约是 0.4）。

这一结果说明：

- 对于信息管理系统领域的项目，在使用相同编程语言的环境下，规模是主要的自变量，它能解释大部分的工作量变化，这里的规模是用某一功能规模度量方法度量得到的。

9.7 练习

1. 如何使用工程化方法建立模型？

2．为什么在建立模型前需要了解数据集的描述性统计结果？用表 9.1 解释为什么这个环节很重要？

3．图 9.2 中的数据表，编程语言 COBOL II 得出的模型 R^2 为 0.96，请解释一下为什么在这个模型中 R^2 会造成误导？

4．如果你有一个已完成项目的数据集（如 ISBSG 数据库），你如何确定某个成本因子带来的影响？请举出一个具体的成本因子如何处理的例子。

5．你如何在一组已完成项目的数据集中识别离群点？

6．离群点对你建立的模型质量有什么影响？如果当初建模时没有删除离群点，会对下一个项目的估算有什么影响？

7．请参考图 9.3，比较这 3 个模型。对于预计规模是 400FP 的项目，使用哪个模型做估算最好？

8．在表 9.3 中，很多估算方程的常量都是负数。你对负数常量如何解释？在使用这些常量为负数的模型时，你要注意什么？

9．在表 9.3 的多个模型中，哪一个模型的工作量-固定成本最低？哪一个模型的工作量-变动成本最低？

10．以表 9.4 为例，哪一个模型用于估算更好，RRMS 较高的还是 PRED（0.25）较低的？

9.8 本章作业

1．如果你的公司没有历史项目数据库，当你使用外部数据集（如 ISBSG，或其他相似数据库）时，如何验证相关性？对于这样的公司你有何推荐？

2．考虑一下你最近做过的 3 个项目。这些项目中最影响生产率的 3～5 个成本因子是哪些？再另外列举 10 个成本因子。请说明最重要的 5 个成本因子对生产率的影响占多大比重（与另外 10 个因子相比）？

3．从 ISBSG 数据库中找到有可比性的项目作为基准，跟你们公司的生产率模型进行比较。

4．根据你选定的规则，从 ISBSG 数据库中选择一组数据，得到的图形是什么形状的？（功能规模与工作量的关系）。请解释说明。

5. 根据历史数据建立生产率模型的 3 个主要步骤是：数据准备、统计工具使用、数据分析。请记录在公司内如何实施这 3 个步骤。

6. 如果你的公司没有根据历史项目建立生产率模型，请在文献中选择一个模型，并进行类似的分析。上述提到的哪个步骤会比较薄弱，而哪个步骤比较扎实？

7. 请选择一个文献中记载的、用统计学分析建立的模型。在数据准备阶段和统计分析阶段是如何处理离群点的？

第10章

建立含有分类变量的模型[①]

本章主要内容

- 如何建立多变量模型。
- 如何通过简单的方式定义分类变量。
- 从单一数据集建立多个模型时，如何利用业界案例数据得到其他变量对模型的影响。

10.1 概述

生产率模型是基于生产率的基本概念建立的，生产率定义为产出数量与投入数量的比值。

软件规模被视为项目工作量估算模型的重要因子。此外，也有其他因素可能影响项目工作量，比如：

- 进行全面的系统测试的需要；
- 关于资源可用性的重要约束条件；
- 功能复杂性；
- 技术复杂性；

① 可参考 Abran, A.;Silva, I.;Primera,L.(2002),《使用功能规模度量对维护类软件建立估算模型的研究》，软件维护和演变期刊；研究与实践，Vol.14,pp.31-64.

- 高复用度或低复用度；

……

通常情况下，如果对多个自变量同时分析，研究人员和度量人员得到的数据集太小了。即使在 2013 年发布的 ISBSG 数据库，已拥有 6000 个项目，但如果要同时对超过 100 个变量进行研究，数据集也太小了。

举例来说，在 ISBSG 数据库中的非必填项，通常情况下很多都没有填写，这就会导致进行统计分析时所需的属性只有很少的数据点。

此外，在这类数据库中很多可利用的变量并不是以定量的形式表现，而可能是分类的，如开发方法、开发平台、数据库管理系统、业务领域和应用类型等。

本章介绍建立多变量模型的方法，包括含有非量化变量的模型。这个方法在 Abran et al. [2002]对一组数据的分析过程中也有介绍。

10.2 所用的数据集

在本章中，建立生产率模型所使用的数据集来自同一个组织。该组织负责为国防部门设计、开发和部署系统，是一个国际组织的分部，其软件部门主要负责开发和维护实时嵌入式软件。

在本例中，我们所度量和分析的项目都是针对同一个软件系统，包括对其功能的新增和修改。这意味着很多因素都是常量，如软件类型、软件领域、开发环境（平台、数据库系统、测试工具等）、编程语言、优化方法等。

因此，相比 ISBSG 数据库这种包含多个组织数据的数据集，该数据集在应用领域和技术环境方面比较统一。这意味着在这种特定环境下以及根据我们的目标，可以把这些因素当作常量且不会影响与工作量的关系。

项目功能规模（新增或修改的）是使用 COSMIC 功能规模方法度量的。对现有软件的功能新增/修改，根据 COSMIC 规则，对每个软件块的功能用户需求的变更规模，是通过累加相关受影响的数据移动规模得到的，根据如下公式：

$$\begin{aligned}&\text{规模CFP(变更)=}\\&\sum\text{规模(新增的数据移动}_i\text{)+}\\&\sum\text{规模(修改的数据移动}_i\text{)+}\\&\sum\text{规模(删除的数据移动}_i\text{)}\end{aligned}$$

工作量（按人时统计）是从组织级的工时汇报系统中获取的，能够统计出每个功能优化项目的工作量。

部分项目花费在需求分析阶段的工作量可能没有记录，因此我们只考虑排除需求分析工作量以外的剩余工作量，以确保该自变量数据的一致性。

该数据库包括了针对国防系统的 21 个功能优化项目。用 5.4.2 节介绍的图形分析和统计检验可以识别出两个离群点，并删除。

对删除离群点后的 19 个项目进行可视化分析（见图 10.1）表明，在功能规模和工作量之间是正相关的关系，即使这种相关性看起来比较弱。

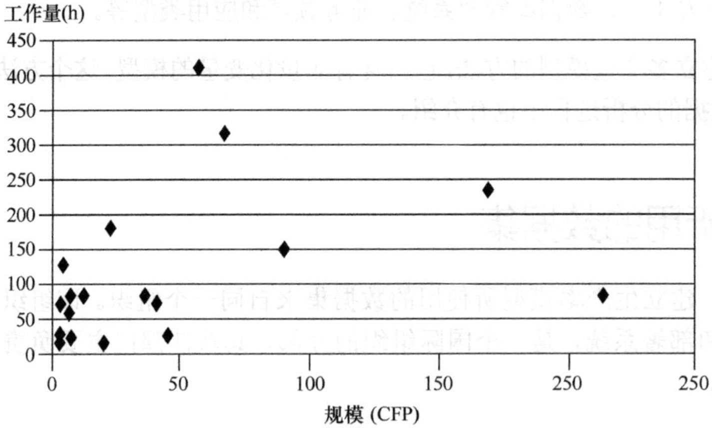

图 10.1 数据散点图—排除了两个离群点（N=19）（Abran et al. 2002，经 Knowledge Systems Institute Graduate School 许可后引用）

此外，我们可以看出在这个数据集中有一定的异方差性（数据是楔形分布的），这表明单变量模型不足以完全描述其分布情况。

这种分布形状表明，在该组织中，至少存在另一个重要的变量对项目工作量造成显著影响。

10.3 包含单一自变量的初始模型

10.3.1 只包含功能规模变量的简单线性回归方程

对 19 个观测样本建立方程，如图 10.2 所示，只包含一个自变量，即功能规模。方程

式为

$$工作量=0.61 \times CFP + 91h\ (R^2 = 0.12;\ n = 19)$$

该线性模型并不是强相关，R^2 只有 0.12，这意味着项目工作量中只有 12%的变化是与功能规模相关的，此规模是以 CFP 度量的。

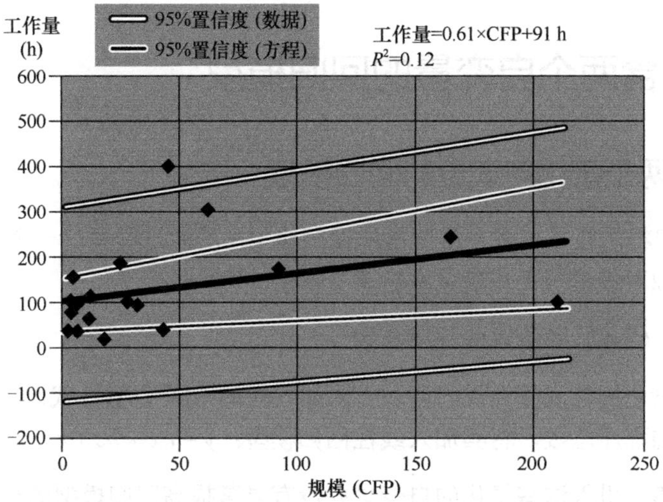

图 10.2 线性回归（N=19）（Abran et al. 2002，经 Knowledge Systems Institute Graduate School 许可后引用）

10.3.2 功能规模的非线性回归模型

同时也对其他形式的回归模型进行了探索，结果见表 10.1。在该表中，*R* 是相关性系数。得到的非线性模型为幂函数、指数函数、对数函数以及双曲线模型的两种形式。

表 10.1 非线性回归模型（N=19）（Abran et al. 2002，经 John Wiley & Sons, Inc 许可后引用）

		N	*A*	*B*	*R*	R^2
$y = A * X^B$	幂	19	43.808	0.245	0.50	0.245
$y = A * e^{(B * X)}$	指数	19	63.067	0.006	0.39	0.15
$y = A + B * \ln(X)$	对数	19	44.121	29.29	0.51	0.26
$y = A + B/X$	双曲线 1	19	132.463	−48.330	0.32	0.10
$y = 1/(A + (B * X))$	双曲线 2	19	0.022	−8.8E-05	0.31	0.09

根据方程式可知，R 值越大（最大值=1）相关度越高，R^2 是因变量方差中能被方程解释的百分比。

从表 10.1 中我们可以看到，相比于线性方程模型，这些非线性模型并没有显著的改进。

10.4 包含两个自变量的回归模型

10.4.1 包含两个量化自变量的回归模型

接下来，我们将研究具有多个自变量的回归模型（功能规模和另一个变量），首先分析其他变量各自单独对规模与工作量关系有多少影响。

第二个变量：代码行和修改的程序总数

对于第二个量化的自变量，我们可以引入如软件的 CFP 总数、代码行总数、修改的代码行总数或修改的程序总数，将其加入线性回归模型：$y = ax + bz + c$。

对于本数据集，引入这些量化的自变量并没有显著提高回归模型的相关性。

比如，具有两个自变量的模型（功能规模和修改的程序总数）如下：

$$y = a \times \text{CFP} + b \times \text{修改的程序总数} + c$$

$$y = 0.78 \times \text{CFP} - 3.62 \times \text{修改的程序总数} + 98$$

该多变量方程引入了修改的程序总数作为另一个变量，回归模型的 R^2 为 0.12，相比于简单线性回归模型并没有提升。

10.4.2 包含分类变量的回归模型：项目难度

分类变量作为第二个项目变量

为了提高模型相关性而选择的第二个自变量是项目难度。

因为项目难度没有统一的定义，也没有方法对该变量进行度量，因此我们对项目难度定义了不困难、困难、非常困难和极其困难 4 个等级。该变量被定义为分类数值，且具有等级顺序（从不困难到极其困难）。

每个功能优化项目的难度等级是由执行这些项目的人员确定的。他们根据项目文档记录以及自身经验来判定项目难度等级。在业界，项目难度等级是由具有相关经验的专家来判定的。

在这么大（19 个项目）的样本中，从统计学的角度使用这 4 个难度等级比较困难，因为对于特定难度等级（只有一、两个项目）并没有充足的数据，这表明对于某些难度等级没有足够多的数据去建立生产率模型。

因此建议对分类变量进行简化归类。我们可以这样做：把 4 个等级的难度重新划分为两个等级——低难度和高难度。

第二个变量的另一种形式

即使分类变量不是量化变量，也可以引入回归模型中，通过定义虚拟变量（每个分类变量对应一个虚拟变量）的方式。具体过程如下：

以下的回归模型将分类变量项目难度取值低和高按如下方式处理。

$$难度=1, 高难度等级$$
$$难度=0, 低难度等级$$

按照难度为低和高建立的加性模型，在规模和工作量关系式中，把每个难度等级视为同等重要，按照如下格式：

$$y=ax+bz+c$$

如果 $z=0$，则 $y=ax+c$，或如果 $z=1$，则 $y=ax+(b+c)$。

其中，该样本有 19 个项目，模型的总体表达式为

$$工作量=0.92\times \text{CFP}+126\times 难度+26，其中，R^2 为 0.42$$ [①]

难度分别取值为低或高，生成如图 10.3 所示的如下两个模型。

如果难度 = 0，则工作量 = 0.92 × CFP + 26h；如果难度 = 1，则工作量 = 0.92 × CFP + 126 + 26 = 0.92×CFP + 152。

该模型（包含难度等级变量）的相关系数 $R^2=0.42$，比简单的线性回归模型的相关性好一些，但还不够好。

如图 10.3 所示，这两个回归方程的斜率是一样的（0.92）。

它们是平行的，而且当 CFP = 0 时，它们的起始点不同（当难度等级为低时，为 26h；

① 原文中为 0.46，与图 10.3 不符，翻译时经过与 Alain 确认，修改为 0.42。——译者注

当难度等级为高时，为 152h）。

这是加性模型的常见形式。

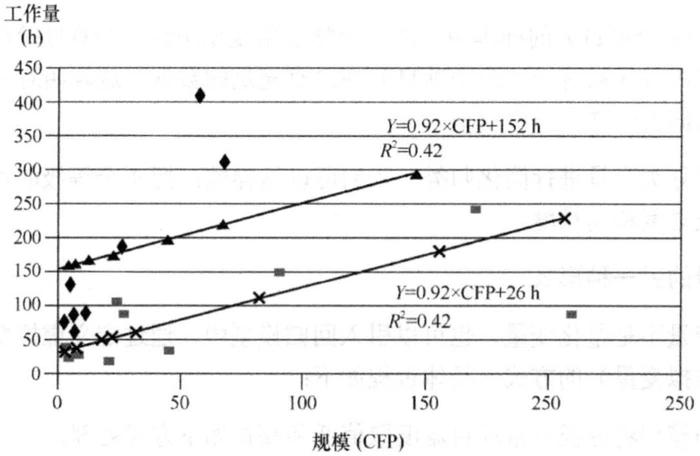

图 10.3 加性模型（N=19）（Abran et al. 2002，经 John Wiley & Sons，Inc.许可后引用）

图 10.3 中方形的点代表难度为低的项目，菱形的点代表难度为高的项目。

多元回归模型：乘积形式

对于加性模型来说，规模的影响是独立于难度变量的。为了把规模影响考虑在内，新增了一个变量：难度与规模的相互作用——通过这两个变量的乘积表示：

（难度 × CFP）

把这个变量引入模型中，可以有助于识别这两个变量的乘积对规模和工作量关系的影响。当然，这会使得加性模型中这两个方程式之间的平行关系消失。

乘积模型的一般表达式为

$$Y=\alpha X+\beta Z+\gamma(X\times Z)+\mu$$

即

$$\text{工作量}=\alpha\,\text{CFP}+\beta\,\text{难度}+\gamma(\text{CFP}\times\text{难度})+\mu$$

如果难度 = 0，则工作量 = α CFP + μ；如果难度 = 1，则工作量 = $(\alpha+\gamma)$ CFP + $(\mu+\beta)$。

难度变量由γ表示，它会对 CFP 造成影响，当其取值（1 或 0）时，会导致回归方程的斜率和常量变化。

多变量线性回归方程的一般表达式为

工作量 = 0.64CFP + 41.94 难度 + 3.85（难度 × CFP）+ 41，其中 R^2 = 0.75

- 该乘积模型的 R^2 为 0.75，相比较之前单个变量的线性模型或是两个自变量的加性模型有很大提升。
- 此外，难度与规模乘积变量的系数也具有统计学意义，即 p 值<0.05。

难度为高和难度为低的方程分别为

如果难度=0，则工作量=0.64 × CFP + 42，其中 R^2 = 0.47，n = 8。

如果难度=1，则工作量=4.49 × CFP + 83，其中 R^2 = 0.78，n = 11。

这些方程式如图 10.4 所示，可清晰表明规模和难易程度都可以影响项目工作量，因此在进行估算时，我们需要将二者均作为重要变量考虑在内。

此外，图形化分析也显示规模最大的项目（第 1 个项目 216CFP）属于难度低的项目，其工作量水平也比其他小一些的项目低很多，与整个数据集的趋势不一致，如图 10.3 和图 10.4 所示。

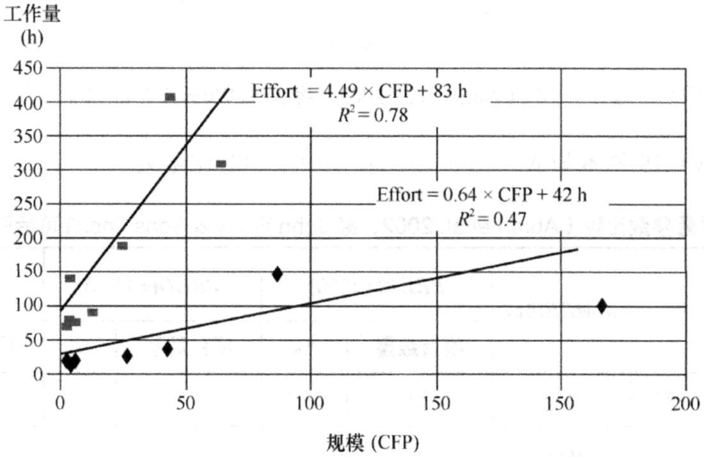

图 10.4 乘积模型（N=19）（Abran et al. 2002，经 John Wiley & Sons, Inc.许可后引用）

第 1 个项目的异常可以认为是由其他隐藏因子的作用导致的。因此，可以把它从样本中删除，留待以后再验证其对乘积模型的影响。

删除一个点后（N=18），我们将其套用到乘积模型的公式中（$Y=\alpha X+\beta Z+\gamma(X\times Z)+\mu$），得到模型如下：

工作量 = 1.25×CFP + 56×难度 + 3.24×（难度×CFP）+ 27，其中 R^2 = 0.84，n = 18

难度为高和难度为低的模型方程式分别如下：

如果难度 = 0，则工作量 = 1.25 × CFP + 27，其中 R^2 = 0.87，n = 8。

如果难度 = 1，则工作量 = 4.49 × CFP + 83，其中 R^2 = 0.78，n = 10。

该调整后的方程 R^2 为 0.84，比之前的模型相关度更高，且 CFP 变量与之前两个变量的乘积形式一样，都是在统计学上有意义的，即 p 值<0.05（见图 10.5）。

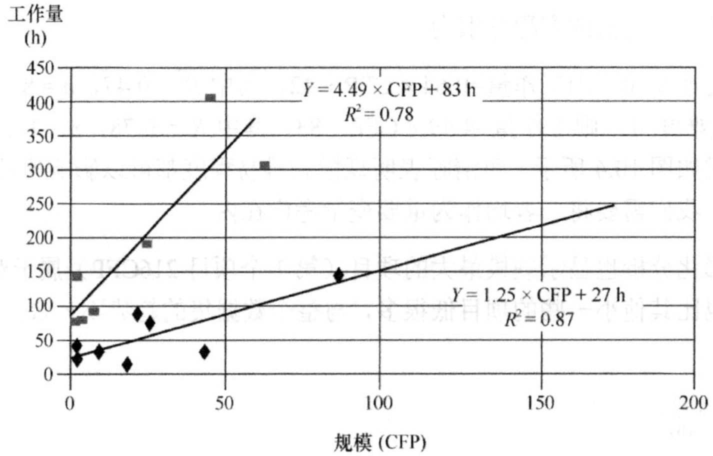

图 10.5 乘积模型（N=18）（Abran et al. 2002，经 John Wiley & Sons, Inc 许可后引用）

表 10.2 是 N = 19 样本与 N = 18 样本的乘积模型的对比结果。

表 10.2 模型质量参数比较（Abran et al. 2002，经 John Wiley & Sons, Inc.许可后引用）

模型（样本规模）	R^2	*MMRE*(%)	*PRED*(±25%)		*PRED*(±30%)		*PRED*(±35%)	
			项目数量	%	项目数量	%	项目数量	%
乘积（N = 19）	0.75	0.51	10	52.6	12	63.2	14	73.7
乘积（N = 18）	0.84	0.40	10	55.5	12	66.7	14	77.8

除了相关系数从 0.75 提升到 0.84，MMRE 也从 0.51 降到 0.40（*MMRE* 越低越好）。

- *PRED*（25%）还是比 Conte[1986]推荐的 10 个项目 56%的 *PRED*（25%）要高。
- 这已经是很大的提升，其他项目也几乎很接近这一水平。再看 *PRED*（35%），77%的项目都处于这一区间内，这对于功能优化项目来说已相当不错，因为在这类项目中由个人因素导致的偏差可能相当大，而相对而言大型开发项目能够通过管理上的平衡削弱个人因素影响。

10.4.3 自变量之间的相互作用

需要注意的是，将每个自变量的影响累加的方法是基于这个假设，即这些成本驱动因子之间是独立的且没有互相交叉作用。

实际上，大部分变量对于工作量的影响都有交叉的，在建立模型的时候也需要考虑这一点。

有多种统计技术可以区分并量化多元变量之间的交叉影响。比如，如下包含了两个变量的方程式：

$$工作量=a\times(规模\times F_1)+b\times(规模\times F_2)+c\times(规模\times F_1F_2)+d$$

这个方程式中 c 表示 F_1 和 F_2 相互作用的系数，如 F_1 和 F_2 之间没有相互作用时，方程为

$$工作量=a\times(规模\times F_1)+b\times(规模\times F_2)+d$$

10.5 练习

序号	工作量（h）	软件总规模（CFP）	软件修改规模（$CFP_{修改}$）	难度等级（2 个等级：低-L，高-H）
1	88	360	216	L
2	956	984	618	L
3	148	123	89	L
4	66	40	3	H
5	83	16	3	H
6	34	18	7	L
7	96	120	21	L
8	84	88	25	L
9	31	151	42	L
10	409	75	46	H

续表

序号	工作量（h）	软件总规模（CFP）	软件修改规模（$CFP_{修改}$）	难度等级（2 个等级：低-L，高-H）
11	30	36	2	L
12	140	7	2	H
13	308	125	67	H
14	244	232	173	L
15	188	53	25	H
16	34	44	1	L
17	73	22	1	H
18	27	6	1	L
19	91	53	8	H
20	13	37	19	L
21	724	248	157	-

1．请说明定量变量和分类变量（定类变量）之间的不同点。请说明在回归模型中如何处理这些不同类型的变量？

2．上述表格所示的是本章案例研究的完整数据集，请用图形分析和统计分析的方法识别离群点。

3．删除规模最大的 5 个项目。删除后对线性回归模型的影响是什么？删除最小规模的 5 个项目。删除后对线性回归模型的影响是什么？请说明这两个回归模型的区别。根据你的观察，你会向管理层如何推荐？在什么情况下要使用哪种生产率模型？

4．重复练习 3，这次使用指数形式建立模型。

5．改变第 10 个项目难度分类（从难度为高变为低），并重新生成加性回归模型和乘法回归模型。

6．建立一个乘法回归模型，要包括如下量化变量：软件的总规模（第 3 列）以及修改功能的规模（第 4 列）。

10.6 本章作业

1. 用你们公司收集的项目数据识别分类变量，并建立加性回归模型和乘法回归模型。
2. 使用 ISBSG 的项目数据，识别分类变量并建立加性回归模型和乘法回归模型。

第11章

生产率极端值对估算的影响

本章主要内容

- 在数据集里识别生产率较大的区间范围。
- 对单位工作量较低的项目进行研究。
- 对单位工作量较高的项目进行研究。
- 如何使用这些信息进行估算。

11.1 概述[①]

有时，软件项目之间的生产率差别非常大：两个相似规模的项目，其中一个可能比另一个花费的工作量多很多。这样的项目确实存在，且很有可能遇到。

那么，是否能尽早识别出这些项目，以便在估算阶段采取特殊的预算策略？

对于软件估算而言，在软件项目库中识别生产率偏差过大的项目并分析引起这些偏差的原因是非常重要的。这可以帮助解释为什么某些项目的生产率过高而某些项目的生产率过低。

如果可以在项目生命周期早期就识别出这些原因（可以作为自变量的成本驱动因子），那么便可以在软件估算中作为附加的自变量或对工作量有重大影响的调整因子引入。

① 更多信息，请见 Paré,D., Arban, A.,《在 ISBSG 数据库中明显的异常情况：研究报告》Metrics News, Otto Von Gueriske Universitat, Magdeburg(Germany),vol.10,1,August 2005,pp.28-36(Paré 2005).

为了探讨这个问题，我们在本章中使用 ISBSG 数据完成以下步骤：

- 识别出生产率跟其他项目明显不同的项目；
- 探索对这些项目的生产率有显著影响（正面影响或负面影响）的因素。

筛选这类项目的标准是生产率是否很低或很高，即单位工作量过低或过高。

识别出这些项目之后，我们可以通过启发式方法来探索其他项目参数，以确定哪些可以解释在相似的规模区间内，为何这些项目出现生产率极端值，将它们确定为候选的解释变量。

11.2 识别生产率极端值

图 11.1 所示的是 118 个用 C 语言开发的项目。这些项目来源于 ISBSG R9 数据库：功能规模是以功能点（FP）形式表示，体现在 x 轴；工作量以小时统计，体现在 y 轴。

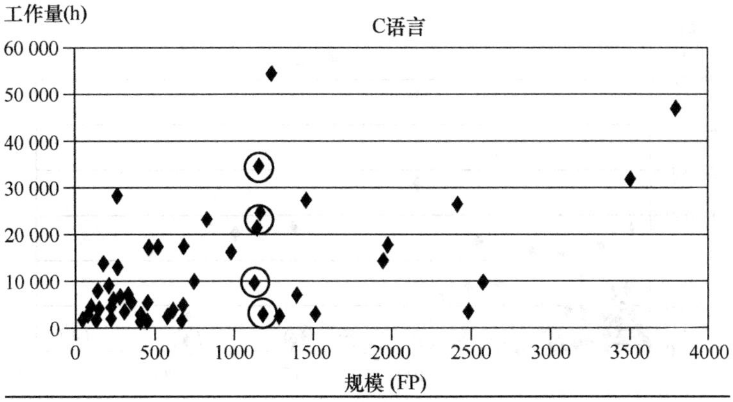

图 11.1 ISBSG R9 中的 C 语言项目（N=118）(Paré and Abran 2005，经 Otto von Gueriske Universitat, Magdeburg 许可后引用）

可以看出，对于规模是 1300 功能点左右的项目，某些项目（圆圈表示）的工作量可能较低（几百个小时），而其他类似规模项目的工作量可能多出好几个数量级（2000～30000h 不等），即对于相同规模的项目来说，有很多生产率过高或过低的项目。

图 11.2 所示的是 ISBSG R9 数据库中的 COBOL 2 项目。为了便于说明，我们已经对 15 个项目标上圆圈，因为这些项目在它们所处的规模区间中（功能规模在 500～2500FP）工作量比较低，并且这些项目的工作量甚至比大多数项目工作量的 1/10 或 1/20 还要少。

这意味着这些项目得益于非常高的单位工作量（10～20 的范围内）。

显然存在很多其他成本驱动因子（自变量）可以解释这些项目为什么花费这么少的工作量。

11.3 生产率极端值的研究

识别了处于生产率极端值区域的项目之后，我们可以把这些项目与其相似规模或工作量的项目进行比较，以研究是否存在其他记录的变量可以解释这类项目的规模-生产率关系。

为了对 ISBSG 数据进行分析，我们根据启发式方法选择了各种检验，对 ISBSG 数据库中一些有记录的变量进行了分析，如图 11.2 所示。

只有 8 个变量的分析结果可以从实践角度解释极端的生产率值。接下来讨论这些分析结果。首先研究单位工作量低的项目，其次是单位工作量高的项目。

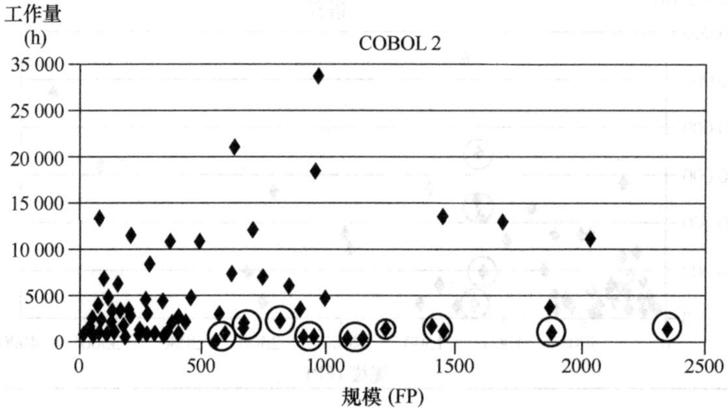

图 11.2 单位工作量非常低的项目-（ISBSG R9，COBOL 2）N=115
（Paré and Abran 2005，经 Otto von Gueriske Universitat, Magdeburg, Germany 许可后引用）

11.3.1 单位工作量低的项目

表 11.1 和表 11.2 是根据启发法识别的变量。这些变量对项目在生产率上表现出极端值有一定的作用。这些变量如下。

（1）支持待度量软件运行的操作系统（O/S）。

（2）待度量软件所使用的主要数据库管理系统（DBMS）。

（3）由 ISBSG 数据经理评估的数据质量评分（DQR，见表 8.5 中的定义）。

（4）资源等级（RL）：记录工作量的人员（见表 8.1 中的定义）。

（5）提交数据的组织类型。

（6）参考表方法：IFPUG 功能点方法中用于计数软件中代码表的方法。[①]

表 11.1 C 语言项目极低单位工作量的解释变量（ISBSG R9, *N*=118）（Paré and Abran 2005，经 Otto von Gueriske Universitat, Magdeburg,Germany 许可后引用）

所分析的变量	所分析的变量的取值	极端项目个数（比值及百分比）	非极端项目个数（比值及百分比）
O/S	AIX	**3/7** (43)	**4/89** (4)
Primary DBMS	Sybase	**4/7** (57)	**4/111** (4)

表 11.2 COBOL 2 项目极低单位工作量的解释变量（R9, *N*=115）（Paré and Abran 2005，经 Otto von Gueriske Universitat, Magdeburg,Germany 许可后引用）

所分析的变量	观测值	极端项目个数（比值及百分比）	非极端项目个数（比值及百分比）
DQR	D	**13/14**(93)	**8/101**(8)
RL	2	**14/14**(100)	**36/101**(36)
组织类型	保险	**14/14**(100)	**21/101**(21)
参考表方法	作为输入计数	**14/14**(100)	**21/101**(21)

在上述表中，通过启发方法检验的变量在左手边的列中，检验出的这些变量在项目中最常见的取值显示在左两列，再往右的两列显示了以下两个子样本[②]中取值为左侧值的项目数量。

- 右两列：生产率为极端值的项目；

① 这是 IFPUG 方法的特性：取决于所选择的 IFPUG 方法的版本中对应的码表，在度量功能点个数方面会造成很大差异。

② 在 118 个 C 语言项目中，只有 7+89=96 个有 O/S 领域相关的数据。

- 最右边的列：样本内，除极限值以外的项目。

单位工作量非常低的 C 语言项目

对于 C 语言项目的样本，有如下两个候选解释变量可以解释较低的单位工作量（见表 11.1）。

- AIX 操作系统，有 47%的极端项目都使用该操作系统，而只有 4%的非极端项目使用该操作系统。
- Sybase 作为主要 DBMS，有 57%的极端项目都使用该数据库，而只有 4%的非极端项目使用该数据库。

单位工作量极低的 COBOL 2 项目

对于 COBOL 2 项目的样本，有 4 个候选解释变量可以解释较低的单位工作量（见表 11.2）。比如，几乎所有单位工作量较低项目的这 4 个变量取值都一样（见表 11.2 中间列）。

- 13/14（93%）的项目 DQR 都非常低（DQR=D）。
- 工作量 *RL*=2（该资源等级包括直接参与开发的人员及提供支持人员的工时）。
- 组织类型=保险行业。
- 其用来进行规模度量的 IFPUG 版本把每个代码表都作为外部输入。

相反，对于 101 个非极端项目（见表 11.2 最右侧列），以上特点就没有如此普遍——覆盖了从 8%到 36%的项目。

11.3.2 单位工作量极高的项目

在本节中，我们要看的单位工作量极高的项目是使用 Java、COBOL、C 和 SQL 的项目。

表 11.3～表 11.6 通过启发法识别了 4 个变量。这些变量对项目生产率有一定的影响。ISBSG 对这些变量的定义如下。

- 标准功能点：用于计数功能点的 IFPUG 标准。
- 最大团队规模：项目组的最大（峰值）人数。
- 资源等级（RL）（见表 8.5）。

- 项目运行时间（PET）：工期，按月表示项目完成开发的时间。

表 11.3 单位工作量极高的 Java R9 项目（*N*=24）（Paré and Abran 2005，经 Otto von Gueriske Universitat, Magdeburg,Germany 许可后引用）

所检验的变量	变量取值	极端项目比例	非极端项目比例
FP 标准	IFPUG 版本 4	**4/4**（100%）	**2/20**（10%）

表 11.4 单位工作量极高的 COBOL，R8 项目（*N*=412）（Paré and Abran 2005，经 Otto von Gueriske Universitat, Magdeburg,Germany 许可后引用）

所检验的变量	变量取值	极端项目比例	非极端项目比例
最大团队规模	＞10	**5/7**（71%）	**27/405**（7%）

表 11.5 单位工作量极高的 C 语言 R9 项目（N=16）（Paré and Abran 2005，经 Otto von Gueriske Universitat, Magdeburg,Germany 许可后引用）

所检验的变量	变量取值	极端项目比例	非极端项目比例
最大团队规模	＞10	3/4（75%）	3/12（25%）

表 11.6 单位工作量极高的 SQL R9 项目（N=26）（Paré and Abran 2005，经 Otto von Gueriske Universitat, Magdeburg,Germany 许可后引用）

所检验的变量	变量取值	极端项目比例	非极端项目比例
RL	＞2	3/4（75%）	1/22（4%）
PET	＞15 个月	3/4（75%）	2/22（9%）

对于 Java、COBOL、C 语言样本，我们根据启发法分别识别了一个能够区分出较高单位工作量的变量，即

- 对于 Java 项目是 IFPUG 第 4 版（见表 11.3）；
- 对于 COBOL 和 C 项目（见表 11.4 和表 11.5）是最大团队规模多于 10 人。

最后，在表 11.6 SQL 样本中，两个造成单位工作量较高的变量是：

- 资源等级大于 2，即该资源等级包括客户和用户；
- 项目的运行周期超过了 15 个月。

11.4 对于估算的经验教训

很多软件工程数据集中都会存在部分项目的单位工作量很低或者很高的现象：显然，项目中存在的一些成本驱动因子（自变量）导致生产率偏差如此之大。如果我们能识别出导致这些偏差的原因，将为估算工作积累非常重要的经验教训。比如，在之前对 ISBSG 数据库 R9 的分析中，用于识别极端项目的准则是在相对同质的样本中，生产率明显偏低（单位工作量高）或偏高（单位工作量低）的那些项目中发现的。

识别出极端项目后，我们便可以通过启发法研究其他项目变量以确定可以解释这些项目异常表现的变量。

在 ISBSG 数据库中针对一些类型的编码语言，识别的与极低单位工作量有潜在关系的候选变量如下。

- 资源等级 2（只包括开发工作量和支持工作量）。
- 组织类型是保险行业。
- IFPUG 功能规模度量方法中独特的参考表方法（会使规模“膨胀”，人为地提高了生产率）。
- 数据质量等级为 D 级。

在 ISBSG 数据库中针对一些类型的编码语言，识别的与极高单位工作量有潜在关系的候选变量如下。

- 团队最大规模多于 10 人。
- 项目运行时间超过 15 个月。
- 工作量数据不仅包含了开发和支持，还包括了运维和客户参与项目的工作量（工作量等级大于 2）。

IFPUG 功能点方法的版本也被识别为候选解释变量。当然，这个候选解释变量清单远没有列出所有可能的变量，需要进一步分析。

- 使用更加稳健的方法系统地识别极端项目。
- 研究这些极端项目有如此表现的原因。

这些分析将比较困难且耗费时间，但是实践者可以通过这些信息直接受益：监控这些候选变量可以为早期发现潜在的极端项目提供有价值的信息。对于这些极端项目，最可能的估算结果如下。

- 不在生产率模型预测的范围内。
- 而是在其上限或下限边缘。

这意味着我们应该选择通过生产率模型算出的最乐观值或最悲观值。这样的项目确实存在，在任何公司中都有可能存在这样的项目。而且很显然，我们不希望哪一个项目后期增加的投入是当初估算的 3 倍或 4 倍。

11.5 练习

1. 在图 11.1 中，对于约为 700FP 规模的项目，其生产率偏差范围大概是多少？

2. 在图 11.2 中，对于约为 1000FP 规模的项目，其生产率偏差范围大概是多少？

3. 在图 11.2 中圆圈表示的项目，它们的单位工作量是高还是低？

4. 在图 11.1 中，对于 C 语言的项目来说，能识别出哪些候选变量作为单位工作量过低或过高的影响因素？

5. 在表 11.6 中，对于 SQL 项目来说，能识别出哪些候选变量作为单位工作量过低或过高的影响因素？

6. 问题 5 中识别出的影响因素只能在项目结束时知晓吗？或者说这些因素可以提前知道吗？如果是后者，如何把这些因素整合到风险分析和估算过程中？

11.6 本章作业

1. 选择一个文献记载的数据集（或从 ISBSG 数据库中选择），以图形形式呈现，并识别生产率的范围。

2. 研究你们公司的数据集。选择生产率最高的项目和生产率最低的项目。生产率的区别是什么？导致最高生产率和最低生产率最明显的因素是什么？

3. 你已经在练习 4 中识别了一些影响生产率（导致生产率过高或过低）的因素。只有在项目结束时才能知道这些因素的值吗？能提前知道吗？如果是后者，如何把这些因素与风险分析和估算过程整合？根据你的发现，提出对公司估算过程的改进建议。

4. 从 ISBSG 数据库中选择样本，通过对比找到这些项目在单位工作量方面的极端值。

5. 使用上一个练习中的样本，比较极端项目的各项因素，并识别出项目常见的导致单位工作量过低或过高的因素。

第12章

对单一数据集建立多个模型

本章主要内容

本章主要通过一个实际数据的例子对如下方面进行阐述。

- 基于经济学概念的数据分析，包括固定工作量和可变工作量。
- 识别某组织的生产率能力水平。
- 主要风险因素对某组织生产率的影响。
- 将该组织的项目与 ISBSG 数据库中的类似项目比较。

12.1 概述①

软件工程领域建立生产率模型的传统方法是建立单一生产率模型，且包含尽可能多的成本因子（自变量）。相对于要找到符合所有场景的单一完美模型，另一种可行的方法是建立多个简单模型。这些模型可以在固定成本和变动成本方面更好地体现组织性能的主要偏差。

在第 2 章中，我们从经济领域探讨了一些概念（如固定成本/变动成本和规模经济/非规模经济）以便识别对软件进行基准对比和估算的新方法。在第 12 章中将介绍一项实证研究，该报告探讨了以上的经济学概念在开发量身定制的生产率模型方面的贡献，这些模型代表了组织内部主要过程的性能。

---

① 更多内容请参考 Abran, Desharnais, Zarour, Demirors，《依据软件估算模型的生产率：经济学视角及实证研究》9th International Conference on Software Engineering Advances – ICSEA 2014, Publisher IARA, Oct. 12–16, 2014, Nice (France), pp. 291–201.

12.2 对功能规模增长的低敏感度和高敏感度：多个模型

当在生产过程中，单位输出的增加只需要较少的单位输入时，我们便说该过程受益于规模经济：生产的越多，生产过程越高效。

相反，如果单位输出的增加需要更多单位输入时，我们就将该生产过程称为非规模经济。每多生产一个单位的输出，都会导致生产率降低。

我们现在再回顾一下软件项目最常见的楔形分布，假设该数据集没有统计意义上的离群点，如图 12.1 所示。我们用解析网格来理解对规模低敏感度和高敏感度的概念。这个整体呈楔形的数据集可以分解为如下 3 个子集（见图 12.2，与图 2.19 一样）。

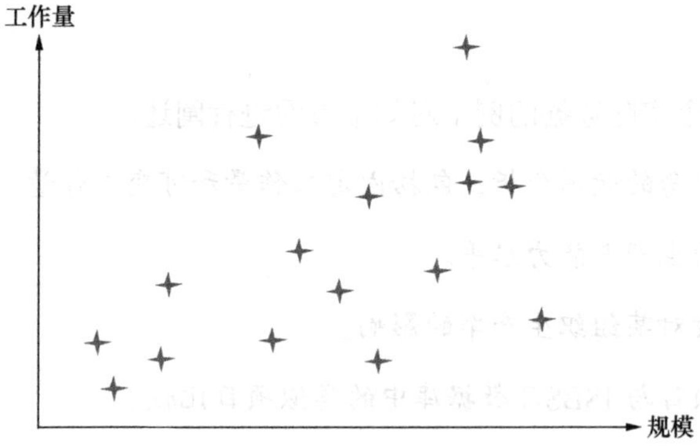

图 12.1 楔形数据集

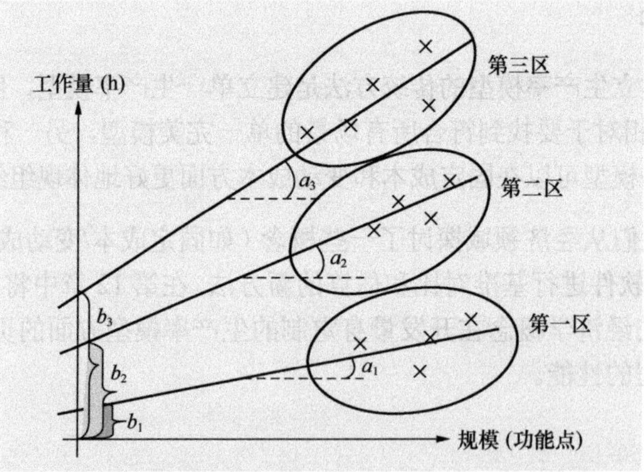

图 12.2 对于功能规模增长具有不同敏感度的数据子集

（Abran 和 Gallego 2009，经 Knowledge Systems Institute Graduate School 许可后引用）

- 第一区：数据集的最下面一部分。该部分数据是由对规模增长敏感度较低的项目组成。也就是说，在该子集中，即使是在规模方面有较大的增长都不会引起工作量有太大的变化。在实践中，这就相当于是待开发项目的功能增加却不会对工作量造成太大影响。
- 第三区：数据集的最上面一部分。该部分数据是由对规模增长敏感度较高的项目组成（规模方面的小幅增加可以导致工作量大幅增加——可能是固定成本增加或是变动成本增加，或是二者均增加）。
- 第二区：有时会存在第三个子集，即位于上下两个数据集中间的子集。

这些数据点可能代表 3 种不同的生产过程以及相应的模型（通常在软件工程书籍中称为“生产率模型”）。

- $f_1(x) = a_1 x + b_1$，代表第一区的数据样本。
- $f_2(x) = a_2 x + b_2$，代表第二区的数据样本。
- $f_3(x) = a_3 x + b_3$，代表第三区的数据样本。

每个模型的斜率（a_i）不同，固定成本（b_i）也不同。那么，是什么导致这些模型有不同的表现形式？

当然，我们无法仅从图形分析中得到答案，因为在这个二维图形中只有一个定量的自变量。单就这个变量本身并不会提供关于其他变量的信息，或是关于数据背后项目特征的相似点或不同点。

当一个数据集足够大时（即每个自变量有 20～30 个数据点），其他变量的影响就可以通过统计技术进行分析。实践中，大多数软件企业并没有足够大的数据集可支撑有效的多变量分析。然而，在一个企业中，数据集中包含的项目可以由收集数据的组织去确定 [Abran and Gallego 2009]。每个子集中的每个项目，如图 12.2 所示，应该按照第 11 章提到的步骤进行分析，以确定：

- 在同一子集中哪些特征（或成本驱动因子）的取值是相似的；
- 在两个（或 3 个）子集之间，哪些特征是非常不同的。

当然，某些值可能是分类的描述变量（用名词表示的，比如，某项目子集使用了某一特定的 DBMS）。

因此，必须要识别出哪些描述性变量对项目工作量的影响最大。这个特征值就可以用来刻画这个数据集，并可以利用这些特征设置这 3 个生产率模型的选择参数，用于以后的估算。

12.3 实证研究

12.3.1 背景介绍

本节给出的数据源于某政府机构，该机构主要向大众提供金融服务，其软件与银行业或保险业类似。该组织主要对如下方面感兴趣。

（1）度量单个项目的生产率。

（2）识别可代表该组织性能的生产率模型，包括固定成本和变动成本的信息。该模型主要含有一个定量自变量（功能规模）和几个描述性变量。

（3）识别其过程能力的重大偏差，并给出解释。

（4）与一个或一组具有可比性的外部数据集（外部基准）比较并定位组织工作流程的生产率所处的位置。

12.3.2 数据收集步骤

所选择的项目符合以下条件：

- 在近两年内开发的；
- 保存了项目文档和相关项目数据，以便度量其功能点、工作量和工期。

本案例所选的所有项目数据都是按照 ISBSG 定义和数据问卷进行记录的 [ISBSG 2009]。

12.3.3 数据质量控制

正如第 5 章关于生产率模型输入的验证所描述的，数据收集过程的质量控制对于生产率研究及生产率模型建立都至关重要。这里有两个关键的定量变量：每个项目记录的工作量以及功能规模。

（1）工作量数据：在该组织中，工时汇报系统被认为是非常可靠的，并且可以用于决策制定，其中包括当聘请外包人员所支付的报酬。

（2）功能规模的度量：度量结果的质量取决于度量人员的经验以及所使用文档的质量。在本案例中：

- 所有的功能规模度量都是由一位在此方面经验丰富的度量人员完成的；
- 用于度量功能规模的文档质量：在度量每个项目的功能规模时，我们对该文档质量进行了观察，并通过表 12.1 的准则评估 [COSMIC 2011b]。

表 12.1 评估文档质量的准则 [COSMIC 2011b]

等　级	准　则
A	每个功能都有完整记录
B	记录了功能但是没有精确的数据模型
C	概括识别了功能，没有详细信息
D	只有功能的大概数量记录，没有列举每个功能
E	部分功能没有明确的文档描述，但可以由经验丰富的度量人员自行补足，如缺少确认功能

12.4 描述性分析

12.4.1 项目特征

表 12.2 展示了 16 个项目，分别度量了它们的功能规模、工作量（h）、项目周期（月）、项目文档质量以及团队最大规模：

- 项目规模从最小的 111FP（项目 7）到最大的 646FP（项目 2）；
- 工作量从 4879h 到 29246h；
- 项目周期从 9.6 个月到 33.6 个月；
- 16 个项目中有 12 个项目记录了最大开发团队规模数据，从 6 个到 35 个员工。

表 12.2 描述性信息（*N*=16）

序号	功能点	工作量（h）	周期（月）	文档质量（%）	单位工作量（FP/h）
1	383	20664	33.6	A:11 B:85 C:4	53.2

续表

序号	功能点	工作量（h）	周期（月）	文档质量（%）	单位工作量（FP/h）
2	646	16268	18	B:100	25.2
3	400	19306	18	A:54 B:42 C:2 D:2	48.3
4	205	8442	16.8	B:68 C:38	41.2
5	372	9163	9.6	B:100	24.6
6	126	12341	16.8	B:100	97.9
7	111	4907	9.6	B:100	44.2
8	287	10157	27.6	B:31 C:69	35.4
9	344	5621	12	E:100	16.3
10	500	21700	24	B:100	43.4
11	163	5985	10	C:74 E:26	36.7
12	344	4879	19.2	A:17 B:83	14.2
13	317	11165	24	B:71 C:29	35.2
14	258	5971	12	A:76 B:24	23.1

续表

序号	功能点	工作量（h）	周期（月）	文档质量（%）	单位工作量（FP/h）
15	113	6710	12	B:100	59.4
16	447	29246	35	B:100	65.4
均值	313	12033	18.3	–	45.5

参与这些项目的内部和外部开发人员，整体上是平均分配的。

本数据集的描述性统计数据如下：

- 平均工作量=12033h（1718 人日或 82 人月）；
- 平均周期 18.3 个日历月；
- 1/3 的项目都是新开发的软件；
- 2/3 的项目是对现有软件进行优化。

12.4.2 文档质量及其对功能规模数据质量的影响

表 12.2 的第 5 列展示了每个项目的文档质量，并且说明了其在多大程度上满足表 12.1 中列举的准则。请注意，这不是一个全面的文档质量评估，而只是在目前采集到的度量要素基础上对待度量文档所代表的功能处理进行的评估。该评估考虑了每一个被度量的功能处理。根据这些准则，如果文档被打分为 A 或 B，则表明文档质量较好。

从表 12.2 的第 5 列，我们可以得出如下结论：

- 对于其中的 11 个项目，待度量的功能处理的 95%的文档质量都较好（=A 或 B）；
- 对于项目 4 和 13，分别有 68%和 71%的功能处理文档质量较好（准则 B）；
- 项目 8 只有 31%的功能处理文档质量较好；
- 项目 11 的文档质量中等（准则 C）。这也会影响规模度量的质量，因为该度量所使用的文档不是很详细；
- 对于项目 9（准则 E=100%），大部分功能的度量只能基于一个很概要的文档。

以上表明，对于这 16 个项目来说，85%的待度量项目文档质量都较好。简言之，13 个项目文档质量较高（A 或 B），而只有 3 个项目文档质量较差。

12.4.3 单位工作量

单位工作量是按照单位功能规模对应多少个小时来度量的，即 h/FP。图 12.3 为项目单位工作量升序排列。横轴代表项目编号，纵轴是每个项目中每功能点的工作量。

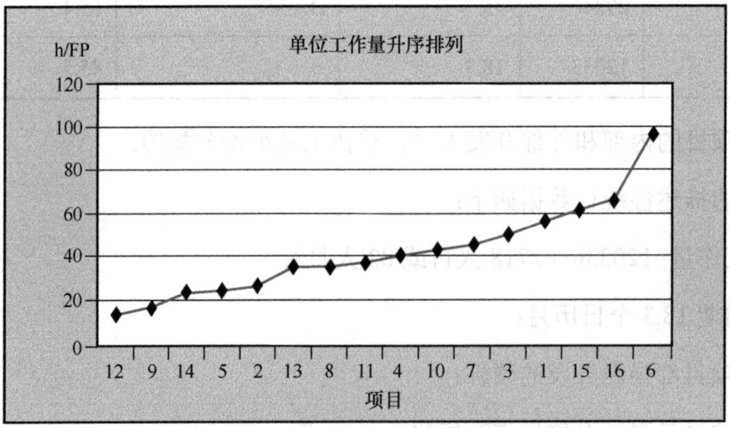

图 12.3 项目按照单位工作量升序排列（h/FP）

对于这 16 个项目，平均单位工作量是 45.5h/FP（FPA）。在该组织中，不同项目的单位工作量差别很大；比如，从最小的单位工作量 14.2h/FP（项目 12），到最大的单位工作量 97.9h/FP（项目 6）：这基本上是相差了一个数量级，即在同一个公司内，以单位工作量衡量的话，最低生产率和最高生产率之间差了 7 倍。

12.5 生产率分析

12.5.1 对应整体数据集的单个模型

这 16 个项目的分布情况以及回归模型如图 12.4 所示。

$$\text{工作量} = 30.7\text{h} / \text{FP} \times \text{项目规模} + 2411\text{h}$$

该模型的相关系数（R^2）相对较低：0.39。

对该方程在该组织中的实际解读如下：

- 对规模不敏感的（固定）工作量 = 2411h；
- 对规模敏感的（可变）工作量 = 30.7h / FP。

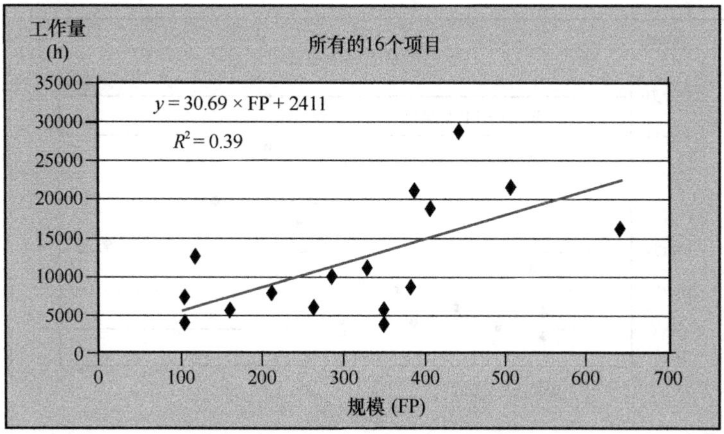

图 12.4 该组织的生产率模型（Abran et al. 2014，经 IARA publication 许可后引用）

经与项目经理讨论，固定单位工作量如此之高的原因如下：

- 采购流程相当复杂且花费时间；
- 项目有严格的限制条件和程序化的文档；
- 项目的协商机制冗长；
- 项目进行了大量的审查工作。

12.5.2 最低生产率项目的模型

从表 12.2～图 12.4 中可以得知，该组织有 5 个项目比同等规模的其他项目高出 100% 的工作量。

- 项目 6 有 126 个 FP，花费的工作量是同等规模项目（项目 7 和 15）的两倍。
- 400 和 500FP 之间的 4 个大项目相比同等规模的项目可能需要 2～3 倍的工作量。这些项目把线性模型（以及相应的斜率）拉高了，在很大程度上影响了固定工作量和可变工作量比例。

因此把该数据样本拆分为两组，进一步分析。

（1）这组包含 5 个项目，处于图 12.5 的回归线以上，其单位工作量较高。

（2）另一组包含 11 个项目，处于回归线以下，且单位工作量较低。

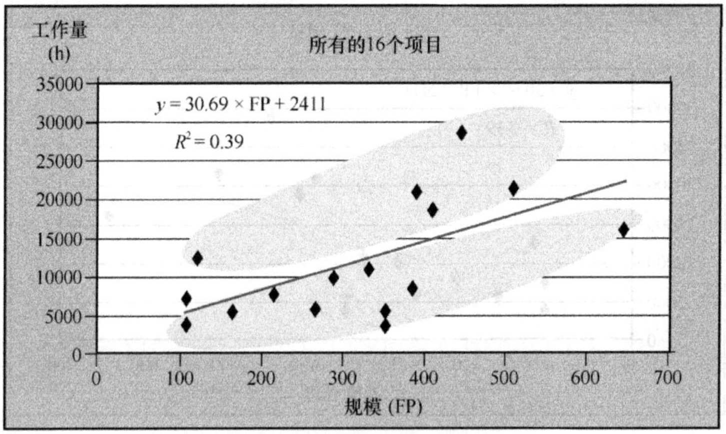

图 12.5 整个数据集中的两个项目子集

对于 A 组的 5 个项目，工作量关系模型如图 12.6 所示。

$$工作量 = 33.4h / FP \times 项目规模 + 8257h$$

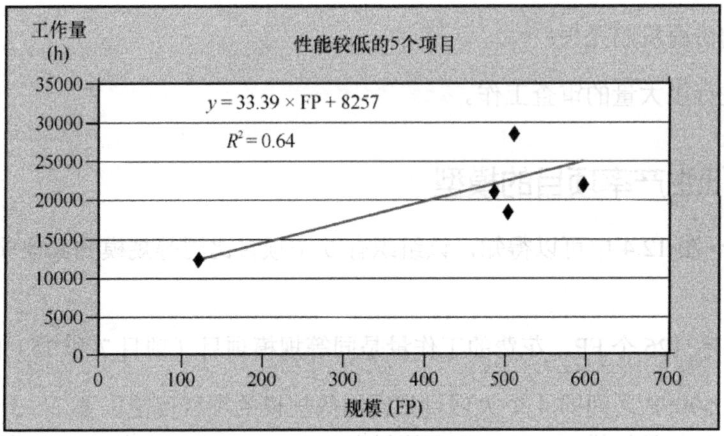

图 12.6 生产率最低的项目

该模型的相关系数 R^2 有显著的提高：0.637。当然，对于一个只有 5 个项目的样本来说，从统计学角度并不显著，但也可以为组织提供帮助。

对于该方程式的实际解读如下：

- 固定工作量 = 8257h；
- 可变工作量 = 33.4h/FP。

由这 5 个生产率最低的项目组成的小组的特点是：固定成本几乎比完整项目集高出 4 倍（一个是 8257h，另一个是 2411h），且它们的可变工作量单位较接近（一个是 33.4h/FP，另一个是 30.7h/FP）。

12.5.3 最高生产率项目的模型

图 12.7 展示了 11 个项目，这些项目的单位工作量较低，即它们的生产率较高。这些项目的线性回归模型为

$$工作量 = 17.1\text{h} / \text{FP} \times 项目规模 + 3208\text{h}$$

该模型的相关系数 R^2 是 0.56，高于完整数据集对应的模型相关系数。

对该方程式的实际解读如下：

- 对规模增长不敏感的固定成本 = 3208h；
- 对规模增长敏感的可变工作量 = 17.1h/FP。

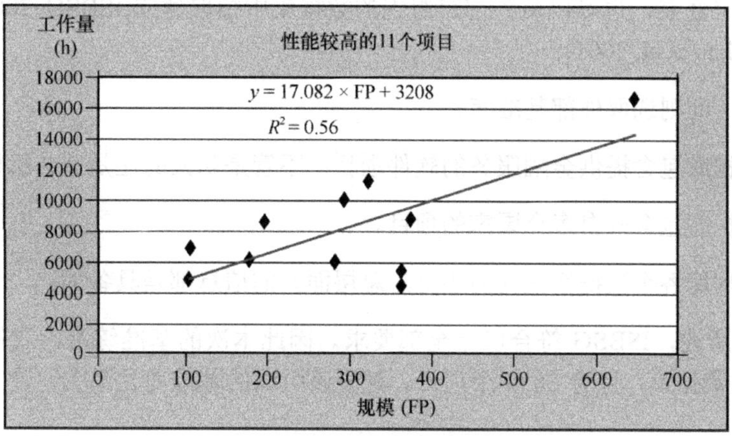

图 12.7 生产率最高的项目

由这 11 个生产率最高的项目组成的小组的特点是：固定成本大致比生产率最低项目的固定成本少 40%（一个是 3208h，另一个是 8257h），而可变单位工作量几乎低了 50%（一个是 17.1h/FP，另一个是 33.4h/FP），即规模经济效益更高，R^2 为 0.55。

这两组数据的汇总信息见表 12.3。其中 5 个项目被视为生产率较低的项目，而剩余 11 个项目可以代表正常条件下的组织“能力”。

表 12.3 固定工作量和可变工作量-内部（Abran et al. 2014，经 IARA publication 许可后引用）

样本/回归系数	全部 16 个项目	生产率最低：5 个项目	生产率最高：11 个项目
固定工作量（h）	2411	8257	3208
可变工作量（h/FP）	30.7	33.4	17.1

12.6 由 ISBSG 数据库提供的外部基准

12.6.1 项目选择准则和样本

基准对比是将特定实体的度量结果与相似实体的度量结果进行比较的一个过程（见 8.6 节的进阶阅读 1）。软件工程传统的基准对比模型通常首先是根据生产率的概念，定义为输出与输入的比值（或其推论，单位工作量是其输入与输出的比值），其次是使用更通用的性能概念，最后是把生产率与多种其他因素相结合[Cheikhiet al. 2006]。基准可以通过组织内部收集的数据来建立，也可以从外部跨组织的数据集中抽取建立[ISBSG 2009; Chiez and Wang 2002; Lokan et al. 2001]。

可使用如下准则选取外部基准库。

（1）该数据库包含提供金融服务的软件项目，不管是私人的还是公共机构的。

（2）该数据库包含来自多个国家的项目。

（3）该数据库各个数据字段（而不是汇总层面）的信息都是具备的。

如第 8 章所述，ISBSG 符合以上全部要求。因此本次的基准练习，我们使用 ISBSG 2006 年发布的数据库，包含 3854 个项目。对于该组织的基准对比练习，使用如下准则来选择项目：

- 具有相似规模区间的项目（0～700FP）；
- 使用第三代编程语言开发的项目（3GL）。

满足如上条件的项目进一步分解为两组：

（1）政府项目。

本组识别了 48 个使用第三代编程语言开发的政府项目，规模区间在 0～700FP。这些 ISBSG 数据点如图 12.8 所示，最能代表这组数据分布的线性回归模型如下：

工作量 = 10.4h / FP × 项目规模 + 2138h

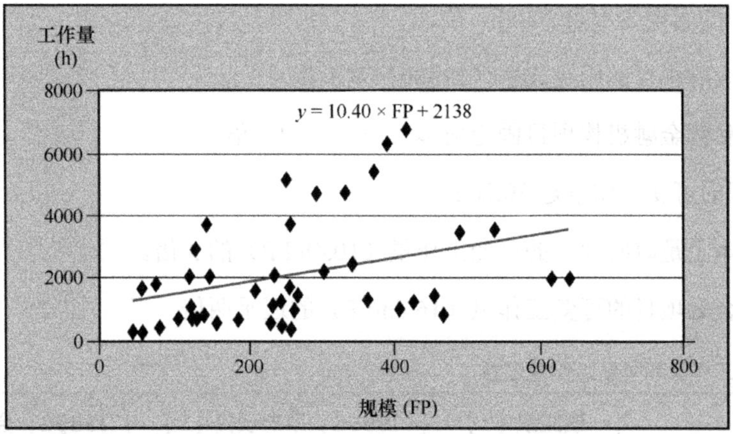

图 12.8 3GL ISBSG 政府项目

（2）金融机构（保险业和银行业）。

本组数据识别了 119 个使用第三代编程语言开发的金融机构的项目，规模区间是 0～700FP，如图 12.9 所示。相应的回归模型为

工作量 = 16.4h / FP×项目规模 + 360h

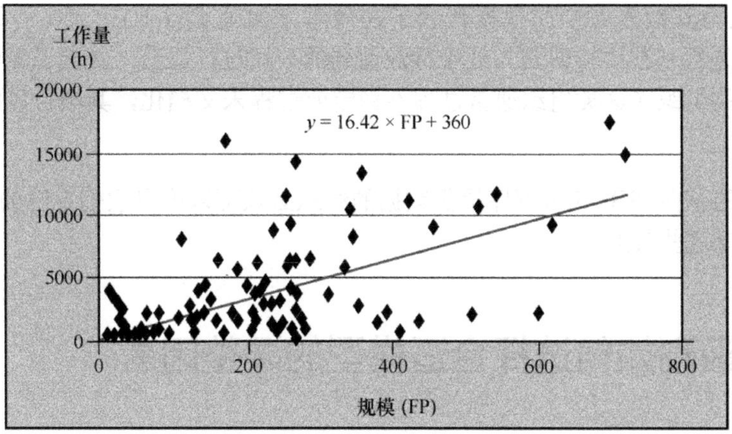

图 12.9 3GL ISBSG 金融项目

12.6.2 外部基准对比分析

表 12.4 是该组织（第 2 列）与两个 ISBSG 数据参照组（第 3 列和第 4 列）关于模型的

固定成本和变动成本的对比。

- 该组织的固定成本是 2411h。
  - 与政府项目的固定成本（2138h）差不多。
  - 是私营金融机构项目固定成本（360h）的 7 倍。
- 该组织的可变工作量是 30.7h/FP。
  - 基本上是政府项目的可变工作量（10.4h/FP）的 3 倍。
  - 是金融项目的可变工作量（16.4h/FP）的近乎两倍。

表 12.4 固定工作量和可变工作量汇总

	该组织（1）	ISBSG：政府项目（2）	ISBSG：金融项目（3）
项目个数	16	48	119
固定工作量（h）	2411	2138	360
可变工作量（h/FP）	30.7	10.4	16.4

12.6.3 进一步思考

ISBSG 认为其数据库中的数据代表了在效率方面处于行业前 25%的组织。因此与 ISBSG 数据库进行基准比较即是与处于行业前列的公司进行比较，排除了无法收集此类数据的效率较低的组织（这类组织通常过程不稳定或过程未文档化，其项目风险较高或项目中途放弃）。

需要注意的是向 ISBSG 数据库提供数据的组织必须可以度量它们自己的性能，并且也愿意与业界共享这些数据。

12.7 识别如何选择合适模型的调整因素

12.7.1 生产率最高（单位工作量最低）的项目

在图 12.5 回归线上方的项目单位工作量最高，而在回归线下方的项目单位工作量最低。

问题是，是哪些因素决定了单位工作量是低还是高？其因果关系是什么？

为了识别和研究这些关系，我们访谈了项目经理，针对他们各自的项目情况反馈他们觉得哪些因素影响了生产率的高低。16 个项目中有 7 个项目的项目经理接受了访谈。

（1）3 个项目的生产率最低（单位工作量最高）。

（2）两个项目的生产率中等水平。

（3）两个项目的生产率最高（单位工作量最低）。

访谈的目的是从项目经理那里获取他们觉得哪些量化因素可能导致或不会导致工作量增加，可以同组织中其他相似规模项目进行比较，也可以基于其实践经验。反馈归纳如下：

（1）客户需求的质量非常差，或者客户代表并不了解业务，这导致在项目周期中经常发生变更。

（2）客户不熟悉软件开发流程。

（3）项目涉及的用户离职率很高，导致需求不稳定且决策延误。

（4）开发人员不了解新技术。

（5）与组织内的其他软件有多种关联。

（6）由于项目优先级导致的进度压力，项目分拨大量资源去救援，希望尽快解决问题，以尽早从公众视野中消失。

因素 E 的例子是项目 6，其单位工作量最高（98h/FP）：该项目的功能规模很小，工作量却是同等规模项目的两倍。它几乎与组织中的所有软件都有关联，且依赖于其他部门。

相反地，生产率最高的项目有如下特点。

（1）用户熟悉业务流程和软件开发流程。

（2）用户参与整个项目。

（3）本项目的开发人员熟悉该开发环境。

即使可以识别出这些有利因素和不利因素，还是很难对每个因素的影响进行量化。

12.7.2 经验教训

对软件项目估算经过过去 40 年的研究，实践专家和研究人员已经提出了多种成本驱动因子混合的模型，但很少有共同之处，并且迄今为止大多数模型还只应用在他们原本基于的环境，没有推广到其他环境。

该分析并没有假定存在一个可适用于所有环境的单一生产率模型，即使是在同一组织内。相反，该分析旨在探寻针对不同生产过程建立不同模型的方法。本章是从实证角度进行研究，并考虑了经济学领域相关概念。

比如在 12.2 节中，使用了一些经济学概念对生产过程进行建模，以及软件的相应特征，比如固定成本和变动成本，以及生产过程中工作量对规模的敏感程度高/低。

对于该组织来说，识别了两个生产率模型：

- 第一个模型，代表以固定/可变工作量结构表示的软件交付能力；
- 第二个模型，代表当在项目生命周期中出现一个或多个破坏性因素时，工作量将翻倍增长。

当然，本实证研究中的项目数量有限，不允许对其他情况进行扩展。

尽管如此，这些模型还是可以代表组织的当前情况，尤其是在该组织中，软件开发过程得到广泛实施且代表的是被熟练应用的公司级实践，而不是个例。

在对新项目进行估算时，如果在并发风险分析中没有识别出任何可能会导致工作量加倍的因素，就应该使用代表组织过程能力的那个模型。当识别出这些不利因素的发生可能性较高时，组织应该选择第二个生产率模型。

12.8 练习

1. 软件工程中经常观察到楔形数据分布，是否总是需要找到单一生产率模型来代表所有情况呢？如果不是，可以使用哪些经济学概念帮助进行数据分析和模型识别？

2. 对于度量软件功能规模所使用的文档，识别一些可用于分析其质量的准则。

3. 在表 12.2 中，对于自变量功能规模是否存在统计学上的离群点？

4. 在表 12.2 中，对于因变量工作量是否存在统计学上的离群点？

5. 对于第 12 章的数据集生成的两个生产率模型，固定工作量和可变工作量的比例分别是多少？

6. 请比较 ISBSG 数据库中的政府项目与金融项目的性能。

7. 请比较本章中所使用的数据与 ISBSG 的政府项目数据的性能。

12.9 本章作业

1. 从你的公司中收集软件项目数据，并进行描述性分析。

2. 对规模和工作量进行图形化分析，并确定你是否需要建立多个模型？

3. 如果识别出多个候选模型，请访谈项目经理，以便得到有利和不利于生产率的各项因素。

4. 请比较你公司的性能与 ISBSG 数据库类似组织的性能。

第 13 章

重新估算：矫正工作量模型

本章主要内容

- 导致需要重新估算的问题。
- 对估算偏少后知后觉造成的影响。
- 推荐一个矫正工作量的模型并介绍如何计算增加的人力资源。

13.1 概述①

当一个进行中的项目被严重低估时，必须要找到一种确保项目完成的策略：

- 如果无法提高预算或推迟交付期，为了要在预算范围及截止时间内完成项目，可以考虑裁剪需求；
- 然而，如果由于某些原因（比如政策、合同要求的限制等）所有的需求都必须交付，则必须修订项目预算。这就需要重新进行估算。

在该项目最初的范围和预计交付的时间内，还需要增加多少工作量才能完成项目？如何估算这部分工作量？

只要回溯到第一版本的估算就够了吗？项目一开始识别的应急措施还适用吗？措施是否还准确？（如项目所需的储备量在最初就计划得很充足吗？）请参见第 3 章，关于投资

① 参见 Miranda, E., Abran, A.所撰写的《避免软件开发项目估算偏少》，项目管理期刊，项目管理协会，2008 年 9 月，PP.75-85.

组合层面的应急措施管理的话题。

本章将讨论当项目偏离预期（超出预算）而必须重新估算时需要解决的一系列额外问题。尤其是，我们在此给出了一种方法，可帮助确定项目所需追加的预算，以使项目从估算偏少中回归正常。

13.2 重新估算的需求及相关问题

当一个项目严重偏离轨道且严重超出预算时，很明显项目将无法按期交付，项目必须重新进行估算，此时要考虑多项限制因素并可采取如下决策：

- 提高预算（重新估算），同时按照原定期限和原定功能交付；
- 提高预算（重新估算）以确保交付原定功能，但需要延期；
- 不提高预算，但是将延期交付某些功能；
- 不提高预算同时按照原定期限，但尽早完成测试（如跳过部分质量控制活动）；

……

当需要进行重新估算时，万万不可忽视在现实世界中做决策的人和组织的顾虑，比如：

- 管理层优先考虑进度而不是成本；
- 管理层倾向于不作为；
- “分配多少资金就花多少”（MAIMS）的行为[Kujawski et al.2004]。

Grey[1995] 为我们提供了一个关于进度优于成本的绝佳例子：

“虽然人们普遍愿意接受成本可能超出预期，甚至在提起过往的例子时也会表现出反常的喜悦，但如果换成交付日期，情况却并非如此。这大概是因为成本超支是在公司内部解决，而进度问题却是对客户公开的。”（Grey[1995]，P108）。

换句话说，项目延迟或范围缩减不会给项目经理的职业生涯增光添彩。

当遇到进度延期时，管理层最可能做出的决定不是重新审视计划以确保获得最大的经济效益，而是试着通过增加人员来保证进度，尽管在项目中途增加人员可能导致下列情况的发生[Sim and Holt 1998]：

- 需要把工作进一步分解，以确保分配给新加入的人员；

- 需要对新加入的人员进行培训；
- 需要增加额外的集成工作；
- 需要增加额外的协调工作。

这意味着，增加资金投入作为第一顺位方案，首先是为了守住进度，而不仅是为估算不足买单。重新估算时应该包含上述活动可能造成的额外成本。

13.3 矫正工作量模型

13.3.1 关键概念

图 13.1 展示了一个项目在矫正过程中所需的工作量组成，假设其目标是保持原有范围不变，并且交付日期按照原有承诺不变。

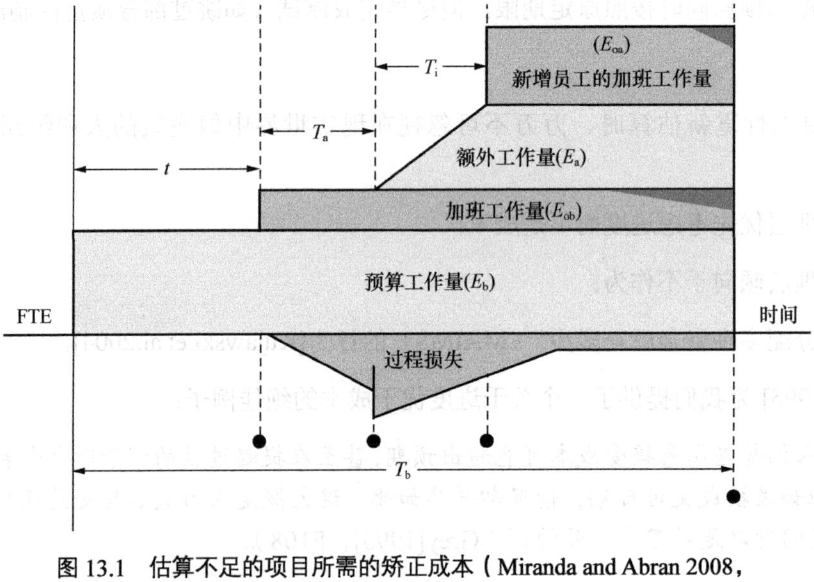

图 13.1 估算不足的项目所需的矫正成本（Miranda and Abran 2008，经 John Wiley & Sons, Inc.许可后引用）

在图 13.1 中，最上层是需要增加的人月，包括以下几点：

- 在时间点 t，管理层知晓了估算偏少的情况，批准现有员工加班；
- 在时间 T_a，管理层意识到现有员工加班无法满足需要，必须增加人员投入。因为无法立刻招聘到所有需要的人员（遵循一个阶梯函数），新成员是逐渐增加的。为了简单起见，假设增加趋势是线性增加。从 T_a 时刻开始，时长是 T_j，现有员工加班情况以 E_{ob} 表示；

- 经过 T_j 时间段之后，新雇用的员工可能也需要加班，新雇用员工加班以 E_{oa} 表示；
- 用一个递减函数（图中深黑色的部分）表示现有员工和新雇用员工的加班情况。

13.3.2 过渡过程的损耗

项目中途加人会导致增加额外的工作（过程损耗），而这些工作原本是不会发生的。这些损耗对应的是过渡过程需要新成员的融入以及原有成员对新成员培训所花费的工作量。这两部分工作量都在图 13.1 中用三角形区域体现。

除此之外，也需要考虑协调新组建团队所耗费的工作量，如图 13.2 所示，以及 Miranda [2001]之前的研究。

（1）R&D 团队的沟通模式[Allen 1984]。

（2）将 Allen 的观察结论进行抽象化得到的图形。同一子系统团队里每个人都与其他人交谈，而子系统之间的沟通则由某几个人完成。

（3）计算沟通路径个数的数学方程。

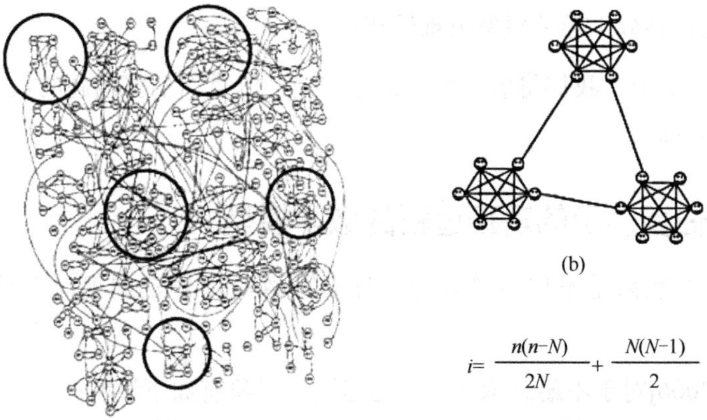

$$i=\frac{n(n-N)}{2N}+\frac{N(N-1)}{2}$$

图 13.2 R & D 团队间的沟通模型（Miranda and Abran 2008，经 John Wiley & Sons, Inc.许可后引用）

13.4 T>0 时刻重新估算所使用的矫正模型

13.4.1 矫正变量介绍

- 预算工作量(E_b)是一开始分配给项目的工作量，是预算时间(T_b)和初始成员(FTE_b)的产物。
- t 是发现估算偏少时的时间，由此决定采取行动。
- T_a 是决定增加新人和新人实际进入团队的平均时间。
- 额外工作量（E_a）指的是帮助项目追赶之前的延迟所需的工作量。

四边形左侧倾斜的那条边，是在新人完全适应工作节奏前的一段时间间隔（T_1）。

- 加班工作量（E_{ob} 和 E_{oa}）是原有员工和新增成员的加班投入。

加班工作量可能受到疲惫的影响，正如矩形右上角的深色三角形显示。

- 过程损耗（P_1）包括所有额外的工作量：过渡、培训、新成员带来的额外的沟通负担。

对以上的组成结构进行如此简化是经过深思熟虑的：

- 当然也可以对工作量进行其他角度的分解，但这样会用到更复杂的数学表达，可能还需要假设参数，导致模型更难理解。

在接下来的章节中，我们将展示可解决之前提到的重新估算问题的数学模型，其中考虑了以上提到的变量。

13.4.2 重新估算涉及的矫正过程的数学模型

痴心妄想和惰性都是不作为的表现，这会导致对项目延期视而不见，一直到最后一刻。

Todd Little [2006]对于不愿意承认项目延迟这一现象有如下说明：

“这是因为项目经理死死拽住最后期限，期望有奇迹发生、软件可以发布。然而到了截止日期，没有奇迹发生。这个时候，通常需要重置项目估算。很多情况下，这个循环会一直持续到软件发布。” [Little 2006, P52]

延期趋势也应该在应急资金的计算中加以考虑，因为在其他条件相同的情况下，项目对估算偏少的问题发现得越晚，需要增加的新人就越多，相应地成本就越高。

这两个前提导致了如下假设：

$$应急资金=\iint 矫正成本(u,t)p(t)p(u)\mathrm{d}t\mathrm{d}u \tag{13-1}$$

式（13-1）表明应急资金必须与项目的预期矫正成本相等，即一个项目，其估算偏少的量为 u，我们在时间点 t 采取行动，矫正成本等于此时的矫正成本乘以 t 的几率和 u 的几率。

我们已经探讨了管理层更注重进度而非预算以及他们倾向于不作为的现象，接下来我们将讨论影响应急资金使用的第三种行为：

- “分配多少资金就花多少”的行为 (MAIMS) [Gordon 1997;Kujawski et al.2004]。

这种行为的表现是，一旦分配了预算，就会有各种原因最后把预算全部花掉。这意味着由于成本低而节省下来的资金也很少能在成本超支的时候还可用。

- 这否定了应急储备的使用是有一定概率的这一前提，因此为了有效且高效的管理，在项目级以上的层面管理资金成为显而易见且经过数学验证的手段。

13.4.3 估算偏少的可能性 $p(u)$

估算偏少的概率分布 u，与图 13.1 的工作量分布相同，受项目预算的影响（见图 3.5）。

选择用右偏三角形表示其分布是基于以下 3 个原因。

（1）一个项目中可以顺利进行的活动很有限，并且大多数情况下这些活动都已经考虑在估算中，而出问题的活动数量几乎是无限的。

（2）这个分布很简单。

（3）既然我们不知道实际的分布，则此分布跟其他分布具有同等合理性。

式（13-2）给出了 $p(u)$的积累概率函数。

$$\begin{cases} \text{如果}u \leqslant u_{\text{最小}}\text{，那么} \\ 0; \\ \text{否则, 如果}u_{\text{最小}} < u \leqslant u_{\text{中间值}}\text{，那么} \\ \dfrac{(u-u_{\text{最小}})^2}{(u_{\text{最大}}-u_{\text{最小}})(u_{\text{中间值}}-u_{\text{最小}})}; \\ \text{否则, 如果}u_{\text{中间值}} < u < u_{\text{最大}}\text{，那么} \\ 1-\dfrac{(u_{\text{最大}}-u)^2}{(u_{\text{最大}}-u_{\text{最小}})(u_{\text{最大}}-u_{\text{中间值}})}; \\ \text{否则, 如果}u \geqslant u_{\text{最大}}\text{，那么}1 \end{cases} \tag{13-2}$$

$$u_{\text{最小}} = \text{最好情况的估算-项目预算}$$

$$u_{\text{中间值}} = \text{最可能情况的估算-项目预算}$$

$$u_{\text{最大}} = \text{最坏情况的估算-项目预算}$$

13.4.4 在特定月份 $p(t)$发现估算偏少的概率——$p(t)$

图 13.3 展示了每周每个项目的实际剩余工期与当前估计剩余工期的比值，即相对时间的函数（已消耗时间与总实际时间的比值）。

为了防止进度延期，估计的剩余时间将会比实际时间稍短，并且随着时间流逝估计的剩余时间将会趋于 0，而比例将趋于无穷大。

方程式如式（13-2），如图 13.3 所示。

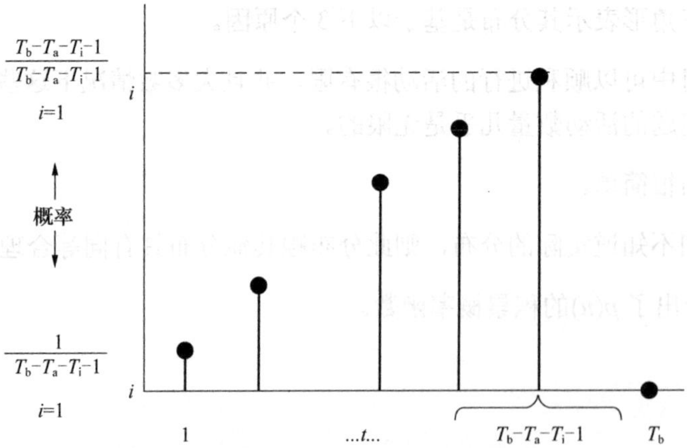

图 13.3 t 时间的概率分布（Miranda and Abran 2008，经 John Wiley & Sons, Inc 许可后引用）

当然这不仅仅是概率，它类似于图 13.3 的模式且非常简单。

其他概率函数可能会包括使用贝叶斯概率去模拟估算偏少的影响，比如，估算偏离的越多就越容易被发现，但这一处理方式不在本书范围之内。

$$p(t)=\frac{t}{\sum_{i=1}^{T_b-T_a-T_i-1} i} \qquad (13\text{-}3)$$

图 13.3 中，概率函数并不能延伸至 T_b，因为需要时间招募新员工需要时间进行培训，且至少要花费一个月时间，因此也需要考虑在内。Miranda and Abran [2008]介绍了一些数学实例。

13.5 练习

1．请列举当项目进度和预算严重偏离预期时可使用的 4 种策略。

2．如果给项目加人，在重新估算时必须考虑哪些对生产率的积极影响和消极影响？

3．如果在项目某节点必须要进行重新估算，是否有不良影响？在整个生命周期中，对整体工作量的影响是一样的吗？

4．当进度不能更改时，推迟重新估算有什么影响？

5．当重新估算时，应该从哪儿获取额外的资金？

13.6 本章作业

1．有些人说当项目延期时增加新人会导致延期加剧！请对这一论断进行评价，什么情况下该论断成立，什么情况下不成立。

2．请回想一下你最近参与的 5 个项目，哪些项目重新估算过？在生命周期的哪个阶段进行的重新估算？重新估算后对于预算和进度的影响有哪些？

3．重新估算的基础是什么？你的组织有专门的矫正模型吗？

4．你的项目已经延期了，为了保证进度，你需要雇用 5 个新员工。你如何计算因为雇用这些新员工以及让他们进入状态而造成的过程损耗？在你的组织中，当对项目进行重新估算时会把这些损失考虑在内吗？

5．在进行重新估算时，你如何把进度惩罚的成本考虑在内？

参考资料

[1] Abran A, Desharnais JM, Zarour M, Demirors O. (2014) Productivity based software estimation model: an economics perspective and an empirical study, 9th International Conference on Software Engineering Advances – ICSEA 2014, Publisher IARA, Oct. 12–16, 2014, Nice (France), pp. 291–201.

[2] Abran A. (2010) Software Metrics and Software Metrology. Hoboken, New Jersey: IEEE-CS Press & John Wiley & Sons; 2010. p 328.

[3] Abran A, Cuadrado JJ. (2009) Software estimation models & economies of scale, 21st International Conference on Software Engineering and Knowledge Engineering – SEKE'2009, Boston (USA), July 1–3, pp. 625–630.

[4] Abran A, Ndiaye I, Bourque P. (2007) Evaluation of a black-box estimation tool: a case studyin special issue: "advances in measurements for software processes assessment". J Softw Proc Improv Prac 2007;12(2):199–218.

[5] Abran A, Silva I, Primera L. (2002) Field studies using functional size measurement in building estimation models for software maintenance. J Softw Maint Evol: R 2002;14:31–64.

[6] Abran A, Robillard PN. (1996) Function points analysis: an empirical study of its measurement processes. IEEE Trans Softw Eng 1996;22:895–909.

[7] Albrecht AJ. (1983) Software function, source lines of code and development effort prediction: a software science validation. IEEE Trans Softw Eng 1983;9(6):639–649.

[8] Allen T. (1984) Managing the Flow of Technology, MIT Press, January 1984.

[9] Austin R. (2001) The Effects of Time Pressure on Quality in Software Development: An Agency Model. Boston: Harvard Business School; 2001.

[10] Boehm BW, Abts C, et al. (2000) Software Cost Estimation with COCOMO II. Vol. 502. Prentice Hall; 2000.

[11] Bourque P, Oligny S, Abran A, Fournier B. (2007) "Developing project duration models", software engineering. J Comp Sci Tech 2007;22(3):348–357.

[12] Cheikhi L, Abran A, Buglione L. (2006) ISBSG software project repository & ISO 9126: an opportunity for quality benchmarking UPGRADE. 2006;7(1):46–52.

[13] Chiez V, Wang Y. (2002) Software engineering process benchmarking, Product Focused Software Process Improvement Conference - PROFES'02, Rovaniemi, Finland, pp. 519–531, LNCS, v. 2559.

[14] Conte SD, Dunsmore DE, Shen VY. (1986) Software Engineering Metrics and Models. Menlo Park: The Benjamin/Cummings Publishing Company, Inc.; 1986.

[15] COSMIC (2014a) Guideline for approximate COSMIC functional sizing, Common Software Measurement International Consortium – COSMIC Group, accessed February 8, 2015.

[16] COSMIC (2014b) The COSMIC functional size measurement method – Version 4.0 - measurement manual, Common Software Measurement International Consortium – COSMIC Group, accessed May 16, 2014.

[17] COSMIC (2011a) Guideline for COSMIC FSM to manage Agile projects, Common Software Measurement International Consortium – COSMIC Group,accessed: May 16, 2014.

[18] COSMIC (2011b) Guideline for assuring the accuracy of measurement, Common Software Measurement International Consortium – COSMIC Group,accessed: July 25, 2014.

[19] Déry D, Abran A. (2005) Investigation of the effort data consistency in the ISBSG Repository, 15th International Workshop on Software Measurement – IWSM 2005, Montréal (Canada), Sept. 12–14, 2005, Shaker Verlag, pp. 123–136.

[20] Desharnais, JM (1988), "Analyse statistiques de la productivité des projets de développement en informatique à partir de la technique des points de fonction," Master Degree thesis, Dept Computer Sciences, Université du Québec à Montrëal – UQAM (Canada), 1988.

[21] Ebert C, Dumke R, Bundschuh M, Schmietendorf A. (2005) Best Practices in Software Measurement. Berlin Heidelberg (Germany): Springer-Verlag; 005. p 295.

[22] El Eman K, Koru AG. A replicated survey of IT software project failures. IEEE Softw 2008;25(5):84–90.

[23] Eveleens J, Verhoef C. (2010) The rise and fall of the Chaos report figures. IEEE Softw 2010;27(1):30–36.

[24] Fairley RD. (2009) Managing and Leading Software Projects. John Wiley & IEEE Computer Society; 2009. p 492.

[25] Flyvbjerg B. (2005) Design by deception: The politics of megaprojects approval. Harvard Design Magazine 2005;22(2005):50–59.

[26] Gordon, C. (1997) Risk Analysis and Cost and Cost Management (RACM): A Cost/Schedule Management Approach using Statistical, 1997

[27] Grey S. (1995) Practical Risk Assessment for Project Management. New York: John Wiley & Sons; 1995.

[28] Hill P, ISBSG. (2010) Practical Software Project Estimation: A Toolkit for Estimating Software Development Effort and Duration. McGraw-Hill; 2010.

[29] IEEE (1998) IEEE Std 830–1998 - IEEE Recommended Practice for Software Requirements Specifications, IEEE Computer Society, Ed. IEEE New York, NY, pp. 32.

[30] ISBSG (2012), Data collection questionnaire new development,redevelopment or enhancement sized using COSMIC function points, version 5.16, International Software Benchmarking Standards Group,accessed: May 16, 2014.

[31] ISBSG (2009), Guidelines for use of the ISBSG data, International Software Benchmarking Standards Group – ISBSG, Release 11, Australia, 2009.

[32] ISO (2011). ISO/IEC 19761: software engineering – COSMIC - a functional size measurement method. Geneva: International Organization for Standardization - ISO; 2011.

[33] ISO (2009). ISO/IEC 20926: Software Engineering - IFPUG 4.1 Unadjusted Functional Size Measurement Method - Counting Practices Manual. Geneva:International Organization for Standardization - ISO; 2009.

[34] ISO (2007a). ISO/IEC 14143–1: Information Technology – Software Measurement - Functional Size Measurement - Part 1: Definition of Concepts. Geneva: International Organization for Standardization - ISO;2007a.

[35] ISO (2007b). VIM ISO/IEC Guide 99 International vocabulary of metrology - Basic and general concepts and associated terms (VIM)'. Geneva:International Organization for Standardization – ISO; 2007b.

[36] ISO (2005). ISO/IEC 24750: Software Engineering - NESMA Functional Size Measurement Method Version 2.1 - Definitions and Counting Guidelines for the Application of Function Point Analysis. Geneva: International Organization for Standardization - ISO; 2005.

[37] ISO (2002). ISO/IEC 20968: Software Engineering - Mk II Function Point Analysis - Counting Practices Manual. Geneva: International Organization for Standardization - ISO; 2002.

[38] Jorgensen M, Molokken K. (2006) How large are software cost overruns? A review of the 1994 CHAOS report. Infor Softw Tech 2006;48(4):297–301.

[39] Jorgensen M, Shepperd M. (2007) A systematic review of software development cost estimation studies. IEEE Trans Softw Eng 2007;33(1):33–53.

[40] Kemerer CF. (1987) An Empirical Validation of Software Cost Estimation Models. Comm ACM 1987;30(5):416–429.

[41] Kitchenham BA, Taylor NR. (1984) Software cost models. ICL Tech J 1984;4(1):73–102.

[42] Kujawski E, Alvaro M, Edwards W. (2004) Incorporating psychological influences in probabilistic cost analysis. Sys Eng 2004;3(7):195–216.

[43] Lind K, Heldal R. (2008) Estimation of real-time software component size. Nordic J Comput (NJC) 2008;(14):282–300.

[44] Lind K, Heldal R. (2010), Categorization of real-time software components for code size estimation, International Symposium on Empirical Software Engineering and Measurement - ESEM 2010.

[45] Little T. (2006) Schedule estimation and uncertainty surrounding the cone of uncertainty. IEEE Softw 2006;23(3):48–54.

[46] Lokan C, Wright T, Hill P, Stringer M. (2001) Organizational benchmarking using the ISBSG data repository. IEEE Softw 2001:26–32.

[47] Miranda E. (2010), Improving the Estimation, Contingency Planning and Tracking of Agile Software Development Projects, PhD thesis, École de technologie supérieure – Université du Québec, Montréal, Canada.

[48] Miranda E. (2003) Running the Successful High-Tech Project Office. Boston: Artech House; 2003.

[49] Miranda E. (2001) Project Screening: How to Say “No” Without Hurting Your Career or Your

Company, European Software Control and Measurement Conference, London, England.

[50] Miranda E, Abran A. (2008) Protecting software development projects against underestimation. Proj Manag J 2008;2008:75–85.

[51] Paré D, Abran A. (2005) Obvious outliers in the ISBSG repository of software projects: exploratory research, Metrics News, Otto Von Gueriske Universitat, Magdeburg (Germany), Vol. 10, No. 1, pp. 28–36.

[52] Petersen K. (2011) Measuring and predicting software productivity: a systematic map and review. Infor Softw Technol 2011;53(4):317–343.

[53] PMI. (2013) A Guide to the Project Management Body of Knowledge (PMBOK® guide). 5th ed. Newtown Square, PA: Project Management Institute (PMI); 2013.

[54] Santillo L. (2006) Error propagation in software measurement and estimation, International Workshop on Software Measurement – IWSM- Metrikom 2006, Postdam, Nov. 2–3, Shaker Verlag, Germany.

[55] Sim S, Holt R. (1998) The ramp-up problem in software projects: A case study of how software immigrants naturalize, 1998 International Conference on Software Engineering. Piscataway, NJ: IEEE, pp. 361–370.

[56] Stern S. (2009) Practical experimentations with the COSMIC method in the automotive embedded software field, 19th International Workshop on Software Measurement - IWSM-MENSURA 2009, Amsterdam, Netherlands.

[57] Victoria (2009). SouthernSCOPE Avoiding Software Projects Blowouts. Australia: State Government of Victoria; 2009.